苏北灌区
农田灌排工程现代化改造与高效节水技术

房凯　王洪德　孙枭沁　王明明　李丽　周皞◎著

河海大学出版社
HOHAI UNIVERSITY PRESS
·南京·

图书在版编目(CIP)数据

苏北灌区农田灌排工程现代化改造与高效节水技术 / 房凯等著. -- 南京 : 河海大学出版社, 2025. 1.
ISBN 978-7-5630-9237-6

Ⅰ. S274;S276

中国国家版本馆 CIP 数据核字第 2024HT0483 号

书　　名　苏北灌区农田灌排工程现代化改造与高效节水技术
SUBEI GUANQU NONGTIAN GUANPAI GONGCHENG XIANDAIHUA GAIZAO YU GAOXIAO JIESHUI JISHU
书　　号　ISBN 978-7-5630-9237-6
责任编辑　彭志诚
特约编辑　薛艳萍
特约校对　郑晓梅
封面设计　徐娟娟
出版发行　河海大学出版社
地　　址　南京市西康路 1 号(邮编:210098)
电　　话　(025)83737852(总编室)　(025)83722833(营销部)
经　　销　江苏省新华发行集团有限公司
排　　版　南京布克文化发展有限公司
印　　刷　广东虎彩云印刷有限公司
开　　本　718 毫米×1000 毫米　1/16
印　　张　11
字　　数　196 千字
版　　次　2025 年 1 月第 1 版
印　　次　2025 年 1 月第 1 次印刷
定　　价　68.00 元

前言

Preface

中国以约占世界7%的耕地养活占世界22%的人口,灌区农业发展功不可没。灌区不仅是农业生产的重要基地,也是自然生态与人工生态的复合系统,对区域生态环境起着重要支撑作用。灌区建设与管理决定了灌区水资源利用效率,影响灌区生态环境,是粮食作物高产的基础保障;灌区信息化是智慧灌区建设的重要手段,可为灌区管理部门提供科学决策依据,实现科学高效的灌区管理;生态文明建设在维持灌区生态经济系统平衡、保护和改善生态系统、维护生物多样性、建设良好的人居环境、减少农业面源污染等方面具有重要作用。

中央一号文件《中共中央 国务院关于全面推进乡村振兴 加快农业农村现代化的意见》明确提出,"十四五"期间要强化现代农业科技和物质装备支撑,实施大中型灌区续建配套与现代化改造,而灌区水土资源高效利用与优化配置成为其现代化改造的重要基础。江苏省大中型灌区是我国东部粮食重要产区,灌区经过20多年的节水改造建设,基础设施得到明显改善,特别是在丰水地区探索节水之路取得了显著成效;但由于区域气候、地力等条件的差异,灌区农业水土资源分配不均,影响了区域间的经济发展。因此,针对苏北地区大中型灌区的现代化改造与节水技术提升,贯彻习近平总书记"节水优先"和"推进农业农村现代化"的方针,推进大型灌区现代化改造和高效节水理论与关键技术研究,对于完善灌排工程体系,保护灌区生态,促进水资源合理配置,提高管理水平具有重要意义。

在江苏省水利科技项目和宿迁市科技计划项目的资助下,根据多年的试验研究,我们组织编写了《苏北灌区农田灌排工程现代化改造与高效节水技术》一书。在本书的编写过程中,我们充分借鉴了相关规划和标准的已有成果,参考了相关学者及有关部门的成果和相关研究结论。该书在总结近年来江苏省灌区现代化改造状况的基础上，阐述了当前和今后加快推进灌区现代化改造和高效节水的重大意义，提出了灌区现代化改造和高效节水的具体措施与内容。本书从灌区现代化改造关键技术、灌区水土资源优化配置、灌区农田管道输水技术适宜性评价、灌区农田管道输水灌溉工程模式、灌区农田管道排水系统工程模式五个方面具体介绍苏北灌区现代化改造和高效节水理论与技术，为苏北地区现代灌区建设提供理论支持。

本书内容涉及大量数据整理及分析，各章除主要撰写人员外，还有多位同仁参与整理工作，具体情况如下：第一章由房凯、王洪德和刘亮军共同参与整理分析，第二章由孙枭沁、陈凯文、陈晨和李丽共同参与整理分析，第三章由房凯、周皞、王明明、邱超共同参与整理分析，第四章由周皞、房凯、方琼和侯坦共同参与整理分析，第五章由王彦东、王明明、赵君涵和曲绅豪共同参与整理分析，第六章由孙枭沁、刘静、潘永春和史祯琦共同参与整理分析。全书由房凯等6人参与撰写，由房凯负责全书的统稿工作。

本书所涉及的研究内容，得到了江苏省水利科技项目(2020067)、江苏省国土资源科技项目(2017032)、宿迁市科技计划项目(S202101)等资助，在此表示衷心的感谢。同时也借此，感谢对本书出版给予帮助的各位老师和学者。

由于作者水平有限、时间仓促，书中疏漏之处在所难免，希望广大读者批评指正。

作者

2025年1月

目录

Contents

第一章 绪论

第一节 灌区现代化改造的背景

灌区在农业和社会经济中有着举足轻重的作用，它是我国粮食安全的基础保障、现代农业发展的主要基地、区域经济发展的重要支撑、生态环境保护的基本依托。灌区作为粮食和经济作物的主要生产区域，由于投入产出集中、生产活动强度大，加之基础设施配套与运行管理方面的不足，相对粗放的灌溉与排水等人类活动对生态系统造成了一定的负面影响。随着经济社会的快速发展和现代化事业加快推进，在水资源管理、水环境提升、生物多样性建设等各方面都对现代灌区建设模式提出了新的更高要求，迫切需要用人与自然和谐的现代理念指导灌区改造，用先进技术、先进工艺、先进设备打造灌区工程设施，用现代科技引领灌区发展，用现代管理制度进行灌区管理，建成与社会经济发展相适应的防灾抗灾有力、灌排设施完备、工程运行可靠、灌溉服务高效、生态环境健康的现代灌区。但我国目前在现代灌区建设上还处于探索阶段，尚无成熟的例子可供借鉴参考。要建设符合当前经济社会发展需要的现代灌区，就有必要先弄清楚几个问题，即什么是现代化灌区，需要建设什么样的现代化灌区，如何对现代灌区进行评价，这就需要根据各地社会经济发展水平、水土资源特点和气候条件等进行准确定位。

近 20 年来，江苏省灌区建设提升的重点是以灌区水利工程功能最大化为主导的灌区续建配套与节水改造，使全省的灌区的基础设施得到明显改善，为建设和发展现代灌区提供了基础条件和技术可能。十八届五中全会提出“到 2020 年全面实现小康社会的新目标，要求农业现代化取得明显进展，生态环境质量总体改善”要求后，苏北地区灌区积极响应，根据新时代现代农业发展、生态文明建设等对灌区的要求，初步构建标准较高的流域协调、区域配套、城乡统筹的水务综合保障体系，提高了抵御洪涝干旱等灾害能力，水资源配置调控能力，河湖生态环境管理保护能力和民生水利的保障服务能力，各项工作均取得显著成效。

但是，苏北地区一直以来面临着水资源时空分布不均，水资源可用不可靠，阶段性水资源短缺，水资源利用率不高的问题。城镇化和新农村建设快速推进，对农田水利提出了更高的要求，但一些地方农田水利基础设施配套仍不完善，农田水利建设与管护任务依然繁重。苏北地区灌区骨干系统在已建成的情况下，利用现有水源的有利条件以及面广量大的小型机电提水灌区，进一步推广应用高效节水灌溉技术，可缓解水资源短缺问题，提高水资源的利用率和利用效率，对灌区高效节水灌溉改造和现代化建设等提供了指导方向。

第二节　灌区现代化改造的必要性

随着经济社会的快速发展，灌区进入了新的重要发展阶段。党的十九大提出了一系列生态文明建设的新理念、新思路、新举措，贯彻习近平总书记“节水优先、空间均衡、系统治理、两手发力”的新时代治水思路，大力推进生态文明建设，是当前水利工作的重点和难点。十九大报告中明确提出加快生态文明体制改革，建设美丽中国，“加快水污染防治，实施流域环境和近岸海域综合治理”，“构建生态廊道和生物多样性保护网络，提升生态系统质量和稳定性”，“强化湿地保护和恢复”。围绕水利部“水利工程补短板，水利行业强监管”的工作总基调，建设以“设施完善、用水高效、管理科学、生态友好、保障有力”为特征的现代化灌区是江苏省灌区发展的必然选择。

（一）保障国家粮食安全

灌区是保障国家粮食安全的重要基础。我国自古以来以农立国，水旱灾害就是中国农业发展的主要制约因素。灌区的灌排设施能够有效抵御水旱灾害的侵袭，促进农业旱涝保收，因而是农业生产的基础保障。灌区在人口不断增多、优质耕地逐渐减少、耕地后备资源有限以及农业用水总量不增加的前提下，稳定和提高粮食综合生产能力，一个重要的手段就是要通过实施灌区现代化改造，提高灌溉排水保证率，稳定和扩大节水灌溉面积，提高水资源利用效率和效益，实现藏粮于地，保障国家粮食安全。

（二）推进农业农村现代化

党的十九大提出“推动新型工业化、信息化、城镇化、农业农村现代化同步发展”的要求。灌区必须进一步增强在农业农村现代化中的基础作用，建立水源可靠、灌排设施完善的工程体系，全面解决目前输配水能力不足、排水体系不畅的问题，才能不断增强灌区水旱灾害防控能力、水资源保障能力和管理服务能力，为农业农村现代化打下坚实基础。

（三）实施乡村振兴

实施灌区现代化改造是改善乡村水环境条件，助力脱贫攻坚，振兴乡村经济，推动城镇进程的迫切需要。根据 2020 年中央一号文件关于“加强现代农业设施建设。如期完成灌区续建配套与节水改造，提高防汛抗旱能力，加大农业节水力度”的要求，树立问题导向抓建设，针对灌区基础设施建设中存在的突出问题和软肋，紧紧围绕全面建成小康社会和美丽乡村建设的新要求，重点解决工程设施配套、建设标准以及灌排功能整体效益发挥等重点、难点问题，加强重要农产品生产区、现代农业示范园区等节水工程建设。实现城镇化和新农村建设双轮驱动，建设“强富美高”的美丽乡村，必须着力推进城乡水利基础设施均衡配置和水利基本公共服务均等化。

（四）构建节水型社会

节水型灌区建设是节水型社会建设的重要组成部分。灌区在节水型社会建设中具有重要作用，优化水资源配置格局，着力增强水资源水环境承载能力，提高水资源要素与其他经济要素的适配性，加大力度实施灌区现代化改造，积极推广高效节水灌溉技术，推广农机农艺相结合的节水措施，提升水资源利用率，实现从输配水到田间的全面节水。以农业水价综合改革试点为契机，实施灌区现代化改造，建设节水型灌区，助力节水型社会建设。

（五）解决工程长效运行的需求

实施灌区现代化改造是解决灌排工程长效运行问题的必要条件。灌区管理设施不完备，缺少自动化、信息化等现代管理手段；管理队伍不稳，技术力量有待加强，灌区“两费”测算和落实需要进一步完善，运行管理经费仍存在缺口。虽然来龙灌区在推行农业水价综合改革及小型水利工程管理体制改革方面发展取得一定成效，但是农田水利重建轻管的局面尚未得到彻底扭转，一定程度地影响了灌区灌排效益的发挥。从提高灌区灌排保证率、工程安全与建设标准、水资源利用效率等方面看，迫切需要对灌区工程设施体系进行现代化改造、提档升级，保障灌区长效良性发展。

第三节　相关研究进展

一、灌区现代化改造研究

灌排工程的配套与完善是灌区提高用水效率、改善耕地质量、增加土地产出率的重要保障。世界各国在灌区水资源优化配置与调度、灌区高效输水和田间节水灌溉等技术领域开展了研究与示范工作，对促进农业高效用水发挥了积极作用(高雪梅，2012；王旭，2016)。我国根据自身国情，开展了灌区续建配套与节水改造工程，推广渠道防渗、低压管道等输水节水技术，保障了灌区的基础设施建设，取得了显著的成效。我国的灌溉水利用效率由2000年的0.4提高到现在的0.572；作物水分生产率由0.5 kg/m^{3}提高到1.5 kg/m^3(王修贵，2016)；农业用水量占比显著下降。但同现代农业发展要求相比，还存在一定的距离。灌区现代灌排工程建设与配套发展不均衡，部分灌区工程的保障能力不强，骨干工程、田间工程设施配套不完善，存在老化失修的问题；部分地区灌溉方式粗放，浪费水资源的情况仍然存在。

灌区沟渠河道、坑塘水面在构成灌区景观、传承历史文化、保护生态环境、改善灌区小气候等方面都起到重要的作用。目前灌区河道整治一般采取顺直河道、加大河床等措施，提高防洪安全性。然而，河道顺直化使得河道断面均一化，在某种程度上影响了生物物种的多样性；河道渠化、渠道硬质化对于地下水补给、生态环境保护产生负面影响。此外，由于化肥和农药的不合理施用，通过农田的地表径流和农田渗漏，形成了严重的农业面源污染。目前，为了缓解农业生产对于生态环境的影响，许多学者针对生态沟渠对于农田面源污染物处理能力及实际应用效果进行了研究(陈海生，2010；涂佳敏，2014；刘福兴，2019)；胡万里等发明了利用农田沟塘系统防治区域性农田面源污染的方法。综合考虑灌溉、排涝、生态和环境需水要求的灌区生态工程技术研究鲜见报道。

灌区信息化建设是保障灌区信息的充分共享，提高灌区管理水平，优化灌区水资源调度，引领灌区现代化的重要举措。国内外许多单位和学者在灌区信息化建设研究领域做了许多工作，取得了一系列的成果：国际粮农组织(FAO)为了推进灌溉计划的管理，开发了通用的、模块化的灌溉计划管理信息系统(SIMIS)。美国佛罗里达大学针对佛罗里达州的农业特点开发了农业田间规模灌溉需求模拟系统(AFSIRS)，用户可以使用该系统，根据作物类型、土壤情况、灌溉系统、生长季节、气候条件和管理方式等诸多变量，估计出对象区域的灌溉需水量，在佛罗里达州得到了广泛的应用。张穗等(2010)以湖北省漳河灌区为例，实现了将3S技术应用于灌区信息化建设中；赵来生(2014)结合中国大型灌区信息化建设现状，构建了大型灌区从信息采集、传输、处理到应用的软件体系，为大型灌区管理部门提供科学的决策依据，全面提升灌区经营管理的效率和效能。河北省石津灌区管理局与石家庄水电设计院和合肥智能机械研究所合作，成功开发了"石津灌区管理专家系统"，实现了灌区灌溉方案的优化，而且能优化灌溉面积和解决各干渠灌溉区域的水量配置。近年来，江苏省大型灌区在完善灌区骨干工程、田间工程建设的同时，尝试采用信息技术实现灌区自动化管理与服务，制定了灌区信息化建设统一的规划和标准，开发建设了水利专网，使得灌区之间的信息实现共享，一定程度上避免了灌区重复开发、重复建设的现象。国内外关于灌区信息化系统建设的研究较多，但如何根据灌区的实际情况选择信息化建设的方案还有待研究。

二、管道灌排技术

由于水资源短缺和国家重视投入，管道输水灌溉技术在一些发达国家发展呈现快速增长的趋势，无论从理论基础还是应用推广均比较成熟。

美国是最早应用管道输水灌溉技术的国家之一，20世纪20年代，美国加州的图尔洛克灌区最早开始尝试应用地面闸管系统和地下暗管系统，来代替地面明渠灌溉系统，并取得了节水增产，减少成本的效果，从此，在整个美国境内推广了这种新型灌溉技术，截止到20世纪80年代，美国的管道输水灌溉面积已经发展到129.87万hm^2*，将近全面总灌溉面积的一半，所占比例高达46.9%。在一些技术比较先进的灌区，支渠以下的输水明渠全部被管道所取代，建立了管道输水灌溉作物的高效模式。以色列也是较早采用管道输水灌溉的国家之一，目前，以色列基本全部实现管道化灌溉，通过管道输水有效降低水

* $1\ hm^2 = 10\,000\ m^2$

量的漏失，管网水利用效率达到了 0.9 以上，全面实现了水资源的高效利用。以色列通过建立全国范围的输水系统，实现了传统灌溉农业向现代化自动控制灌溉方式的大步跨越，同时提出了根据作物的需水规律进行适时适量的精准灌溉技术，灌溉用水效率达到 0.7～0.8，远远高于其他国家的用水效率。日本在 20 世纪 60 年代初，也开始了灌溉系统的管道化，至 20 世纪 70 年代，全国得到普及，至 1985 年，全国新建的灌溉渠系 50%以上实现了管道化，日本管道输水灌溉系统的特点是规模大，管径大，自动化程度高，管材由专业工厂生产供应，材料设备的工业化生产水平很高。此外，在管道灌溉系统设计、管材设备、技术标准等方面日本都有非常规范和完整的一套技术体系，处于国际领先地位。其他一些国家，如苏联，澳大利亚，西班牙，英国和瑞典等管道灌溉均得到不同程度的发展，取得节水，增效的结果。

我国也是发展管道输水灌溉技术较早的国家之一，从 20 世纪 50 年代开始试点，但是生产力水平低下、管道工程造价高、政府投入不足及管道配套设备不完善等因素导致管道灌溉技术的发展十分缓慢。直到 80 年代初，北方连续几年大旱，灌溉水资源严重紧缺，粮食产量大幅减产，使得国家和地方意识到农业节水的重要性，逐渐开始在节水灌溉技术上加大投入和支持，通过投入大量的人力和物力进行技术攻关，在管道管材、施工工艺及配套装置的研制上取得了一批显著的成果，并率先在北方平原井灌区和渠灌区等灌区进行大面积的推广与发展。随着低压管道的发展，“九五”“十五”期间管道面积达到 4 223 万亩，发展管道总长 25 万 km。而到了“十一五”期间，低压管道发展更加迅猛，新增面积 3 000 多万亩①。其中 2008 年在江苏省发展管道新技术，通过高效农业项目来为“管道入地”进行推广，取得了显著的成果。2009 年贵州省建立了首座管道输水灌溉水库，采用管道替换传统渠道，使得灌溉水利用系数提高。2011 年山东省阳谷县实施的中低产田改造项目在张秋镇告竣，建立的地下管网系统可以灌溉 3.3 万亩农田。管材随着低压管道技术的发展，也取得了相应的成果。早期浙江省在进行低压管道技术推广时，结合地形给出了两种不同的管材，在平原地区采用素混凝土管，在丘陵区坡地采用薄壁钢丝网水泥管。河北省一般通过就地取材来生产混凝土管，进行管道铺设。其中肃宁县在发展过程中研制了混凝土管挤压机，并且生产的管道远销外地。由于塑料工业的发展，到了 20 世纪 80 年代，出现了一批优质价廉的管材。其中包括易搬运、质量

① 1 亩≈666.67 m^2

轻、耐腐蚀、安装方便的 PVC、PE 管，对后来管道技术的进一步推广起了重要作用。据统计，“九五”“十五”期间，新增的 25 万 km 管道中，采用塑料管材的管道超过了 20 万 km。而且同时也带动了管道配件工业的发展，使得配件的生产趋于规范。目前，管道灌溉技术在全国应用面积达到 1.11 亿亩，在工程应用，工程模式和工程优化等方面提供了大量的经验。

管道灌溉工程的应用主要是根据不同自然地理条件因地制宜地对管道输水灌溉技术进行本土化应用，如在山区、丘陵地区和平原地区根据地形或取水方式等调整工程技术参数，最大化发挥工程效益。田进福等(1999)在山丘小型水库灌区开展管道输水灌溉试验研究，通过 3 年的运行考核，管道灌溉和土渠灌溉相比，亩次可节水 68%，节约土地 18%，还本年限为 1.7 年，经济效益显著，同时，发展管道灌溉，具有节水，节地，地区适应性强，利用自然落差，投资少，见效快的特点，具有广阔的发展前景。刘竞艳(2013)通过对比研究认为山区发展管道灌溉具有明显优势，采用管道灌溉，在管道上每 20 m 预留一出水口，由群众用软管接水进行淋灌，避免了山地大压差对喷微灌灌溉均匀度和运行管理的影响，降低了工程对水压的需求，减少了工程造价和运行成本，采用根部灌溉，相对于喷灌更节约水量。张茂堂和李中华(2007)在自流灌区开展管道输水灌溉研究，研究认为灌区内较高位置有干渠或水源点较多时，可分散取水，管道级数可少一些，通常 300 亩以内，考虑单级管道，超过 300 亩考虑二级管道；自流灌区没有提水灌区受机电设备运行时间的影响，日灌水时间可取 24 h；自流灌区所需管道直径较大，$\phi 200 \sim \phi 300$ mm 的可选用预制承插砼管，$\phi 300$ mm 以上可选用薄壁 PVC 管，经过多年运行，灌区管道输水灌溉节水、节地、增产、省工、管理方便等优点明显。

蔡琼(2013)对宁波市农业适宜的技术模式开展研究，提出水田的菜-菜-稻、草莓-水稻，旱地的青芜菜-棉花等种植模式下适宜推广应用管道灌溉与微灌相结合的技术模式，模式系统组合性强，便于实施灌溉与进行管理，能将水分根据需要实时适量送到田间进行灌溉；方便与施肥设备结合，做到及时施肥；可节省人工、节省土地资源，同时可以有效科学地控制灌溉；灌水系统灌溉水利用系数可达 0.8～0.85。但管灌与微喷灌所需工作压力不同，加压泵站需设置变频系统；同时，为了不影响稻田作业，菜季微喷灌的支管和毛管为地上可移动管道，微喷灌采用毛管与灌水器合二为一的微喷带；此外微灌要求较高的水过滤设备，系统一次性投资较高，适合在经济条件较好、规模化种植较普遍的蔬菜、棉油经济作物农业节水区使用。

第二章 灌区现代化改造关键技术研究

在当前中国农业现代化进程中，灌区现代化改造关键技术研究具有重要意义。中国作为世界上最大的农业生产国之一，以约占世界7%的耕地养活着占世界22%的人口。然而，随着经济的快速发展和城镇化进程的推进，农业用水需求持续增加，水资源的稀缺性和不均衡性日益凸显。在这样的背景下，灌区作为农业生产的关键保障和重要基地，其现代化改造显得尤为迫切和重要。基于此，本章以江苏省大型灌区为例，介绍了灌区现代化改造的关键技术。主要内容为：(1)江苏省大型灌区概况；(2)灌区现代化改造关键技术；(3)灌区工程改造；(4)灌区生态化改造；(5)灌区管理方案。

第一节 江苏省大型灌区概况

江苏省地处中国东部沿海地区中部(北纬30°45′～35°08′，东经116°21′～121°56′)，长江、淮河下游，东临黄海，北接山东，东南与上海、浙江接壤，是长江三角洲地区的重要组成部分。江苏省属于东亚季风气候，处在亚热带和暖温带的气候过渡带，地势平坦，一般以淮河、苏北灌溉总渠一线为界，以北地区属暖温带湿润、半湿润季风气候；以南属亚热带湿润季风气候。江苏省气候四季分明、季风显著、冬冷夏热、雨热同季、雨量充沛。

江苏地貌包含平原、山地和丘陵三种类型，其中平原面积占比86.9%，丘陵面积占比11.54%，山地面积占比1.56%。江苏跨江滨海，湖泊众多，水网密布，海陆相邻，水域面积占比16.9%。长江横穿东西433 km，大运河纵贯南北757 km。面积50 km^2 以上的湖泊15个，面积超过1 000 km^2 的湖泊有太湖和洪泽湖，分别为全国第三、第四大淡水湖。

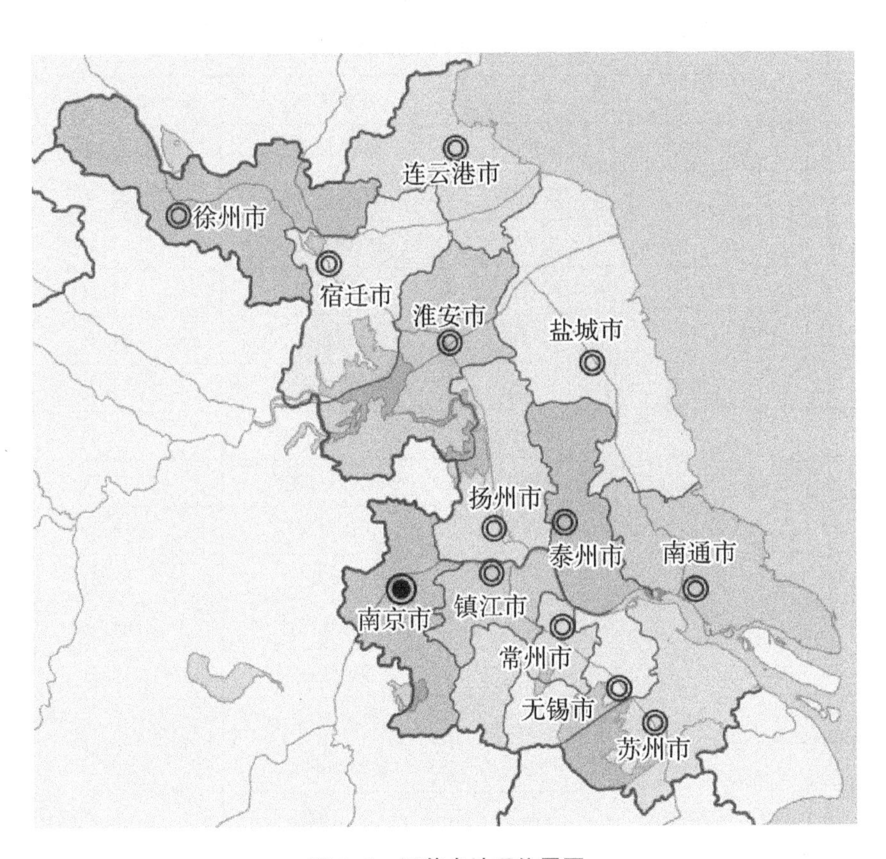

图 2-1 江苏省地理位置图

江苏省拥有 34 个大型灌区，设计灌溉面积为 1 759.43 万亩，有效灌溉面积为 1 673.75 万亩，耕地面积为 1 550.00 万亩，耕地灌溉面积为 1 479.79 万亩。1998 年，江苏省大型灌区全部列入《全国大型灌区续建配套与节水改造规划》，累计完成防渗渠道 2.2 万 km，配套改造涵洞、水闸 8 万余座，灌排泵站 4 500 余座，渡槽、生产桥梁等建筑物 2.5 万座。通过多年建设，江苏省大型灌区灌溉水利用系数已由 2000 年的 0.40 左右提高到目前的 0.57，灌溉保证率提高到 85%以上，排涝标准达到 5～10 年一遇，年节约用水超 1 亿 m^3。为更好地掌握江苏省大型灌区水土资源和现代化改造状况，构建适合不同灌区的续建配套与现代化改造的方案，对江苏省现有大型灌区现代化水平进行调查评价。江苏省在册大型灌区见表 2-1。

表 2-1 江苏省在册大型灌区统计表(2022 年)

序号	市	县/区	灌区名称	设计灌溉面积(万亩)
1	南京	高淳区	淳东灌区	30.85
2	徐州	睢宁县	凌城灌区	60.98
3		新沂市	新沂沂北灌区	57.39
4		邳州市	刘集灌区	26.77
5		邳州市	运西灌区	67.30
6	南通	如皋市	如海灌区	45.61
7	连云港	赣榆区	石梁河灌区	35.39
8		赣榆区	小塔山水库灌区	31.74
9		东海县	沭南灌区	56.82
10		东海县	沭新渠灌区	45.22
11	淮安	淮安区	淮安渠南灌区	68.04
12		淮安区	渠北灌区	40.94
13		淮阴/涟水	淮涟灌区	87.44
14		淮阴区	竹络坝灌区	34.77
15		涟水县	涟东灌区	55.41
16		涟水县	涟西灌区	42.07
17		洪泽/金湖	洪金灌区	46.77
18		洪泽区	周桥灌区	37.33
19		盱眙县	清水坝灌区	47.71
20	盐城	滨海县	三层灌区	39.82
21		阜宁县	阜宁渠南灌区	74.27
22		射阳县	五岸灌区	44.31
23		东台市	堤东灌区	153.00
24		大丰区	江界河灌区	45.17
25	扬州	高邮市	高邮灌区	49.21
26		江都区	沿运灌区	30.36
27	泰州	泰兴市	城黄灌区	32.38

续表

序号	市	县/区	灌区名称	设计灌溉面积(万亩)
28	宿迁	宿城区	船行灌区	32.08
29		宿豫区	来龙灌区	59.92
30		沭阳县	沭阳沂北灌区	46.00
31		沭阳县	柴塘灌区	53.35
32		泗阳/宿城	运南灌区	71.22
33		泗阳县	众程灌区	33.79
34		泗洪县	濉汴河灌区	76.00

第二节　灌区现代化改造关键技术

一、灌区现代化改造内容

既考虑为现代农业灌溉服务的基本功能，也兼顾助力乡村振兴战略实施的外延功能，结合当前江苏省灌区发展趋势和民情特点，充分利用高新技术，从工程、信息和管理融合出发，围绕水源供水、过程配水、田间生态高效灌溉排水和科学管水四个环节进行建设。

(一) 安全可靠的水源工程

水源工程是指水源和取水设施，灌区的水源工程主要包括河流、水库、堰坝、闸泵等。水源工程应根据工程等级、形式、材料等满足防洪标准，且工程安全可靠、取水设施健全、水质符合灌溉水质标准、满足水资源配置和用水调度信息化管理需要。

(二) 设施完备的骨干工程

骨干工程的建设主要包括骨干输水(排水)系统的布置方式、渠道防渗衬砌工程建设、渠道断面形式选择、泵闸涵等渠系建筑物的工程建设。通过完善骨干工程建设，解决输水渠道不畅、灌排设施不配套、灌溉用水不方便的问题。

(三) 配套完善的田间工程

田间工程主要包括田间灌溉排水沟渠、田间建筑物、田间配水渠(管)道、集水沟(管)道及高效节水灌溉工程和灌水设施。在大力发展节水灌溉工程建设的同时,加强田间小型农田水利工程配套建设,积极推广渠道防渗、管道灌溉、喷灌、微灌等节水灌溉技术,集成发展水肥一体化技术,推广农机农艺相结合的深松整地、覆盖保墒等措施,优化种植结构。

(四) 通达成网的田间道路工程

田间道路包括机耕路和生产路。机耕路建设应能满足当地机械化作业的通行要求,通达度平原区应达到 100%、山丘区应达到 90%以上。生产路应能到达机耕路不通达的地块,通达度应达到 100%。

(五) 生态和谐的灌区环境

根据现代灌区的建设思路,灌区生态要逐步构建起水环境、水生态、水景观、水文化这四大体系。水环境体系建设即要使灌区河流水质符合功能区要求,灌区排水水质要控制在合理范围,地下水位适宜,灌区无次生盐碱化和渍害发生。水生态体系建设即要通过生态沟渠、人工湿地等生态工程建设,保证灌区生物物种的多样性不被破坏,为灌区生物营造良好的生存环境。水景观体系建设即要努力做到使渠系建筑物成为灌区的标志性建筑,既可美化周边环境,又可对外展示灌区形象。水文化体系建设即要通过开展宣传教育,保护水文化载体等来提高人民群众对灌区生态文明建设的认可度。

(六) 先进适用的信息化技术

信息化作为灌区现代化的重要组成部分,需求越来越强烈,作用越来越明显,要加强灌区自动化控制、信息化等技术研究与应用,建设灌区自动化监测系统,采用现代化高新技术,进行数据自动采集,对工程运行状况进行自动监测、远程控制,实现灌区管理的信息化。

(七) 完善高效的管理服务体系

灌区实行专管与民管相结合,要做好干渠级工程的管护,包括对沿运闸洞、干渠及建筑物做好养护,在干渠管理范围做好工程保护与环境维护,对灌溉制度做好执行,要达到“工程运行良好、用水调度及时、环境整洁优美”。

二、灌区现代化改造技术

灌区是农业生产活动最为集中的区域,也是灌溉工程设施最为密集、农业用水保证程度最高、农业产出量最大的区域。近年来,为了实现灌区现代化,针对现代灌区“设施完备、管理科学、用水高效、生态良好”特征,专家学者在灌区基础设施和管理体系等方面开展了大量的技术研究，并取得了相应的研究成果。但是目前关于现代灌区建设研究成果呈现碎片化、理想化的特点，尚未形成科学可行的灌区建设模式。因此，笔者根据现代灌区特征，提炼和优化灌区续建配套与现代化改造关键技术，从灌区工程改造、生态化改造和管理方案优化三个方面出发，构建灌区改造技术模式，如图 2-2 所示。

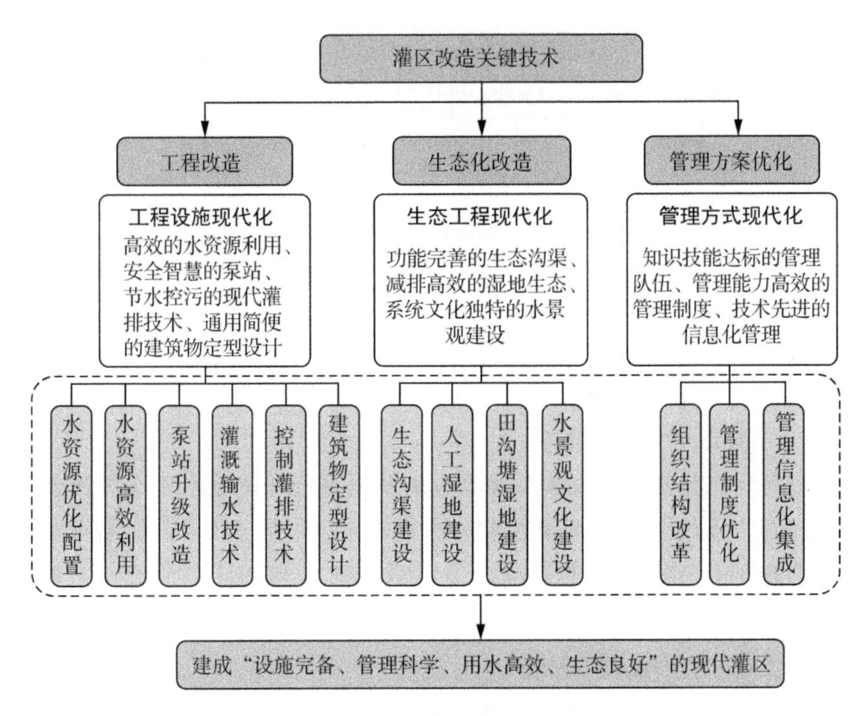

图 2-2　灌区改造关键技术模式

第三节　灌区工程改造

江苏省灌区在促进农业发展、保障粮食安全等方面起到了十分重要的作用。灌区工程设施是灌区实现其功能的基础。自 2006 年起，国家推行灌区续建配套与节水工程改造，以便灌区能够持续发挥其工程效益。本节根据现代灌区的要求提出灌区水源工程和灌排工程改造的关键技术模式，加强水资源合理配置，推广节水灌溉技术，为灌区工程改造提供技术参考。灌区工程改造技术模式如图 2-3 所示。

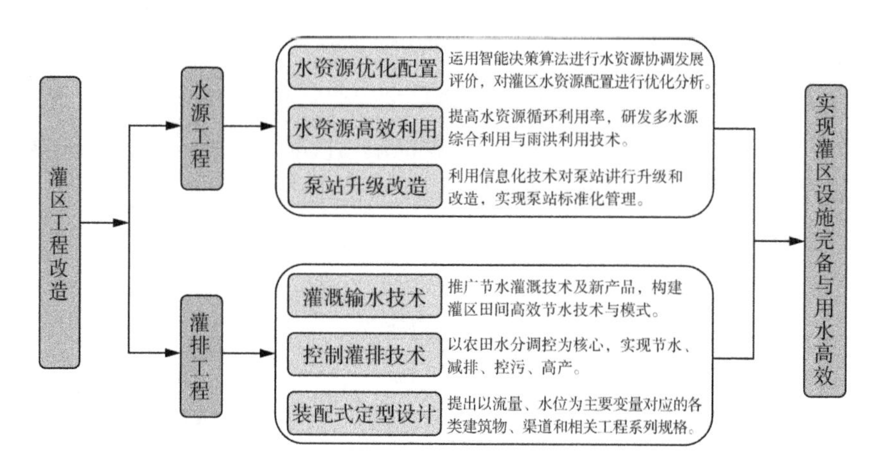

图 2-3 灌区工程改造模式图

一、水源工程

（一）水资源优化配置技术

水资源优化配置涉及区域水资源协调发展评价和区域水资源配置方案两个重要内容。因此，水资源优化配置一方面需要分析基于现状的区域水资源综合系统协调评价问题，判别其系统协调发展状况，为区域水资源优化配置提供决策统筹依据；另一方面需要研究基于系统协调发展的水资源优化配置方案，为水资源优化配置提供规划依据。

在开展水资源优化配置时，要在保证生态效益的基础上，高效利用水资源，尽可能获得最大的社会经济效益，并实现水资源可持续利用，防止经济社会发展超越水资源与环境的承载能力。此外，水资源优化配置要保证公平性原则，一是当代不同地区之间的公平用水，区域之间水资源的差异将会对区域之间的协调发展造成极大的障碍；二是当代人与后代人之间的公平用水。目前由于水资源的不合理开发利用，造成水污染与水缺失等问题，这将会给代际间的协调带来不利的影响。水资源优化配置技术以社会经济发展—生态环境状况—水资源开发利用系统为基础，运用智能决策算法进行水资源协调发展评价，并对灌区水资源配置方案进行优化分析。

（二）水资源高效利用技术

在确定灌区水资源优化配合方案的基础上，根据灌区的地理条件，开展灌溉回归水利用技术研发工作，杜绝无效退泄和低效排水的灌溉水管理，提高水资源循环利用率。研发多水源综合利用与雨洪利用技术，充分利用雨水资源，促进雨水、地表水、地下水等多水源的高效利用。

(1) 再生水和回归水安全灌溉技术。根据已有再生水灌溉对土壤肥力、作物生理、农产品品质和产量以及地下水影响以及不同土壤—作物系统对再生水中有机物的安全承受量的研究成果，制定不同再生水水质、土壤条件下农作物再生水灌溉的灌溉定额、水质标准等安全灌溉技术要求。在已有沿海滩涂回归微咸水灌溉对土壤盐分及农作物生长影响研究的基础上，制定回归微咸水灌水制度和灌溉水量，提高沿海滩涂灌区水资源利用效率。

(2) 灌区地下水开发利用技术。主要适用于江苏徐州、连云港部分的井灌区，井灌区地下水开发技术主要包括灌区地下水承载力评价指标体系与方法，灌区地下水开采模式、机井诊断修复技术、灌区地下水最优管理模式及动态观测可视化平台、灌区地下水与地表水联合利用技术与优化运行模式、不同成井条件下的适宜井型结构与成井工艺等。

(3) 河网灌区水平衡动态监测与用水管理技术。在灌区布设水平衡信息监测网，基于实测数据建立实时灌溉预报模型，开发灌溉系统动态调配系统，为实时灌溉预报以及动态配水模块提供基础数据和决策依据。

(4) 地下蓄渗排技术。将田间蓄水-渗透-排水作为一个系统来考虑，在满足田间作物用水的条件下，将多余水涵蓄在地下，根据实际情况对地下水位进行科学调控，对灌溉水进行有效补充，使农田生态系统内的水循环通畅。本技术主要流程原理和汇水井示意见图 2-4 和图 2-5。

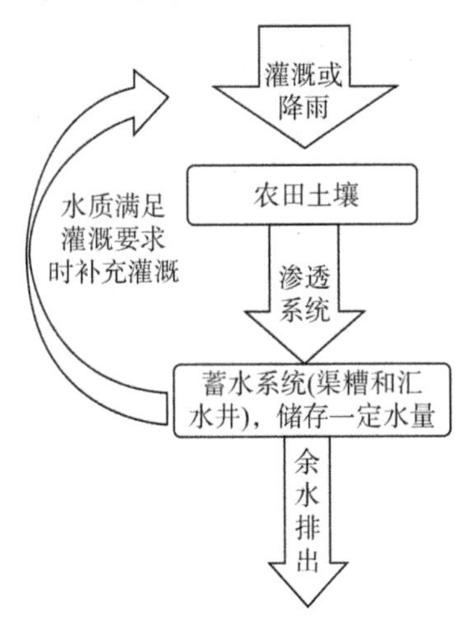

图 2-4 地下蓄渗排工作原理

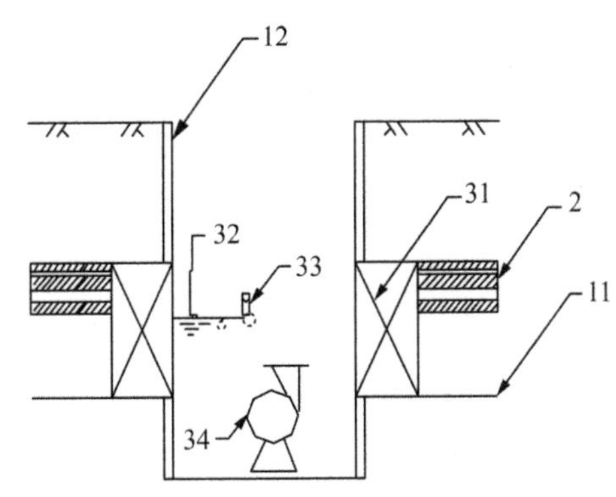

2—渗透系统；11—蓄水渠槽；12—汇水井；31—水位控制闸；32—水位测量设备；33—水质测量设备；34—水泵

图 2-5 蓄水系统汇水井的横截面示意图

(三) 泵站升级改造技术

灌区内的泵站是原有灌溉工程的基础，所以对原有的泵站进行升级和改造是节水改造支撑体系中非常重要的环节。泵站改造关键技术主要是利用信息化技术对泵站工程老化及设备故障进行诊断，并运用泵站系统模拟仿真及测试技术、泵站系统优化配置与运行管理技术等，实现泵站安全监视、优化控制与调节、经济运行、信息共享与泵站标准化管理。

在泵站运行调度方面，根据泵站运行调度的实际需求以及泵组自身的结构和运行工况，构建单泵经济运行模型和泵站群及梯级泵站调度管理模型。优化调度的目的，就是在满足泵站扬程与流量的基本要求下，寻求一种最佳的运行方式，使泵站产生的效益最大，或者说在产生相同效益时消耗的成本最小。具体方法就是利用计算机技术来建立泵站对象的数学模型，根据确定的调度准则(以水泵效率最高、泵站效率最高、泵站能耗最低、泵站水费成本最低、泵站流量最大等为准则)和相关约束条件，建立泵站优化调度数学模型和泵站优化调度决策支持系统，利用泵站计算机监控技术和信息技术对泵站运行进行优化调度。同时利用计算机监控系统测出每台水泵机组的效率，通过计算优化组合，根据灌溉需要的流量，组合选择高效率机组联合运行，实现泵站安全、高效、经济运行，有效降低泵站运行能耗。

泵站运行实时信息管理，关系到泵站是否能够安全运行，无论是现地还是远程，实时运行信息管理都是必需的。因此，在泵站运行实时管理方面，能根据时间间隔要求及时、完整地记录下各类设备(电气、泵等)的运行参数，以便于今后统计分析和查询等；各类设备操作记录，如操作票等信息能进行统计和查询，规范各类设备的操作程序和规则；各类设备在运行过程中，出现事故、故障等情况能自动记录，或事后人工输入计算机，统一进行管理和分析；各类运行日志实现智能管理，能满足无纸化的要求。

二、灌排工程

(一) 灌溉输水技术

在灌区过程改造过程中，需要大力推广喷灌、滴灌以及改进地面的节水灌溉技术及新产品，构建灌区田间高效节水技术与模式。渠道输水是我国农田灌溉的主要输水方式，渠道防渗具有输水快、有利于农业生产抢季节、节省土地等优点，是当前我国节水灌溉的主要措施之一。在渠道输水技术方面，从江苏省灌区改造实践看，复合断面衬砌、有限衬砌以及植生型衬砌在保证节水效果、输水能力的同时，能够节省工程投资，提高渠道的安全性，降低对生态的破坏程度。此外，采取护坡不护底、缓坡做缓冲，保持渠床内植物生长；线路布置遵循自然走向，保留蜿蜒的纵向断面；施工工艺采用混凝土现浇与透水砖砌筑，保证水体与土壤的联系。

以管道代替明渠的一种输水工程措施，是在灌溉现代化过程中发展管道输水灌溉的重要方向。相对与明渠灌溉，管道输水灌溉具有节水、省地、省工、低能耗等优点，同时可以很好地与喷灌、滴灌等节水灌溉技术相结合。管道内是一个密封的空间，可以加压提高水流流速，提高供水及时性。管道的密闭性有助于通过变频设备和闸阀联动调节，对管道内的水量和流速进行实时控制，实现水肥一体化。管道的灵活性有助于实现用水精准化。用水精准化需要通过建设喷灌、滴灌、微喷灌和小管出流高效节水灌溉工程来实现。在建设过程中，需要在田间铺设大量的管道，实现灌溉地块的灵活分区、轮灌和自动控制，在节水的同时，节约劳动力，提高产量和肥料利用率。然而，不同类型的管道各有其特点，设计时需要考虑其适用条件、管径范围、压力等级和密度、力学性能以及水力学性能。对输水工程和灌溉工程改造的过程中，按照因地制宜和分步实施的原则，充分论证管道输水的可行性，分步推进。

不同的节水灌溉技术各有其适用环境，表 2-2 总结了各种节水灌溉技术的优缺点，各个灌区可根据实际采用合适的节水灌溉技术。

表 2-2　节水灌溉技术的优缺点

节水灌溉措施	优点	缺点
喷灌	①控制灌溉量，节水；②没有径流和深层渗漏；③适用于所有作物；④提高出苗率；⑤弱化土壤板结；⑥减少地下水污染	①投资高；②受风和空气湿度的影响；③能源消耗
滴灌	①提高土地生产力；②省工省地；③提高肥料利用率；④提高作物产量和品质	①容易堵塞；②易产生盐分积累；③限制根系发育
微喷灌	①改善作物生产环境的小气候；②在夏季提供寒冷潮湿的条件	①抵抗力差；②适用范围有限
地下灌溉	①节约用水；②节能省工；③增产提质	①严重堵塞
低压管道技术	①减少渗水和蒸发损失；②节水节能；③减少渠道面积；④方便管理	①水质要求高

续表

节水灌溉措施	优点	缺点
渠道防渗技术	①投资运营成本低;②可就地取材	①易受到 流冲刷;②抗冻性差;③管理成本高

(二) 控制灌排技术

控制灌排技术作为南方稻作区的核心灌排技术,综合考虑了节水灌溉与控制排水的协同效应,对实现稻作区的节水、减排、控污、高产具有重要意义。控制灌排技术是以农田水分调控为核心制定水稻灌溉调控指标和水稻排水调控指标。

(1) 水稻灌溉调控指标。水稻是江苏省的主要耗水作物,灌溉用水量占灌溉用水量的85%以上。合理控制灌水下限,减少需水量是水稻节水灌溉的重要途径。该技术通过浅湿交替的农田水分调控,减少田间渗漏量和棵间蒸发量,同时改善水稻根层土壤通气状况和水稻的群体质量,其节水灌溉技术农田水分调控的策略是:浅水栽秧,薄水返青,湿润分蘖,分蘖后期晒田。此外,由于江苏省水稻生育期与雨期基本同步,合理增加雨后蓄水深度,尽可能蓄雨于田,可以充分利用雨水,减少灌排水量和灌排次数。同时,稻田的湿地效应还可以降低农田排水中的氮磷浓度,达到节水、省工、减排的效果。根据试验和示范推广,控制灌溉技术与淹灌相比灌水定额可减少21%~47%,灌水次数减少2~4次;与浅水勤灌和浅湿灌溉相比,节水7%~9%,灌水次数减少1~2次。

(2) 水稻排水调控指标。长期淹水的稻田如果没有渗漏量,由于缺氧使土壤处于还原状态,容易产生有害物质影响水稻根系生长而形成渍害,使水稻的抗劣性能和高产稳产性下降。通过降低排水沟的水位,在土壤特别黏重的地区还可以通过明沟和地下组合排水的方式达到增加渗漏量的目的,从而促进土壤通气,改善还原条件,消除有毒物质。随着节水农业、生态农业和生态减灾技术的发展,水稻控制排水技术能够减少水资源的浪费和田间肥料的流失。控制排水技术是在田间排水系统的出口设置控制设施,通过调节控制设施来调节田间的地下水位,达到排水再利用、治理涝渍害、减少排水对承泄区污染的目的。控制排水通过抬高地下水位,可以使土壤水分得到充分利用,从而减少灌溉次数,减轻对水资源的需求压力,同时可以改善排水水质。根据试验和示范推广,控制排水技术与淹灌相比,排水定额减少18%~84%,排水次数减少0~2次;与浅水勤灌和浅湿灌溉相比，排水定额减少23%～68%。高产模式下，农田尺度上控制排水处理氮磷负荷较常规淹灌降低25%～84%，较浅水勤灌减少35%，磷素负荷减少30%～44%；蓄雨控灌技术模式下，农沟尺度上氮磷负荷分别降低70%和73%，环境效益显著。

（三）装配式建筑物定型化设计

装配式建筑物定型化设计是灌区工程改造的关键技术之一。据统计，江苏省多年平均雨日为159 d，灌区小型建筑物面广量大，雨季施工既增加施工成本，又难保工程质量，所以采用装配式建筑物能够简化施工工序，保证施工质量，提高施工速度。本研究提出的装配式建筑物范围为：①小型泵站工程；②田间灌排工程：渠道、管道、沟道等；③田间配套建筑物：小型渠首闸、排水沟退水闸、渠道节制闸、涵闸、涵洞等（不包括这些工程中机电、金结等专业）。

根据各类各级规格，以现有规范为基础，分别提出设计指标与参数，形成标准化设计方案，设计方案既要能为用户提供适当种类的选择，达到“构件通用、制作简单、安装快捷、维护方便、符合规范、安全可靠”的目的，并进行典型设计、构件设计和绘制图集，典型设计应满足施工图阶段要求。按照部品部件独立、拆装灵活的思路，在典型设计的基础上以构筑物为对象对各建筑物构件进行深化设计，设计中重点研究解决结构受力与合理拆分、构件设计与连接通用性、连接通用止水处理等三项关键技术问题。

根据斗渠、农渠设计流量，考虑泵站的工作位置和轮灌的工作制度，采用水力最佳断面设计，确定斗、农渠定型设计断面；大中沟道设计在满足排除设计日常流量（即满足降渍水位要求）条件下确定断面，综合考虑排除设计排涝流量、灌溉蓄水等要求进行校核，确定沟道定型设计断面。

根据设计标准化研究成果，以构筑物为对象，以链接化为标准，以全装配为目标，对装配构件进行深化设计、提出施工指南并编制构件安装图集，实现各类构件（系列化）生产、安装成果，完成构件的工厂化生产及装配式小型水工建筑物展示示范段建设，编制构件间的防渗与填缝材料的施工工艺，编制工厂生产、装配安装两个阶段质量控制要求或标准。

第四节　灌区生态化改造

现代灌区要求灌区实现生态良好的目标，这对维护生态、经济系统平衡、保护和改善生态系统、维护生物多样性、促进生产率的发展，建成良好的人居环境、减少农业面源污染等方面有着重要意义。根据生态型灌区的构建原则，本节从生态沟渠、人工湿地、田-沟-塘湿地生态系统和灌区景观建设等方面提出了灌区生态化改造模式，为灌区生态化改造提供技术参考。灌区生态化改造技术模式如图 2-6 所示。

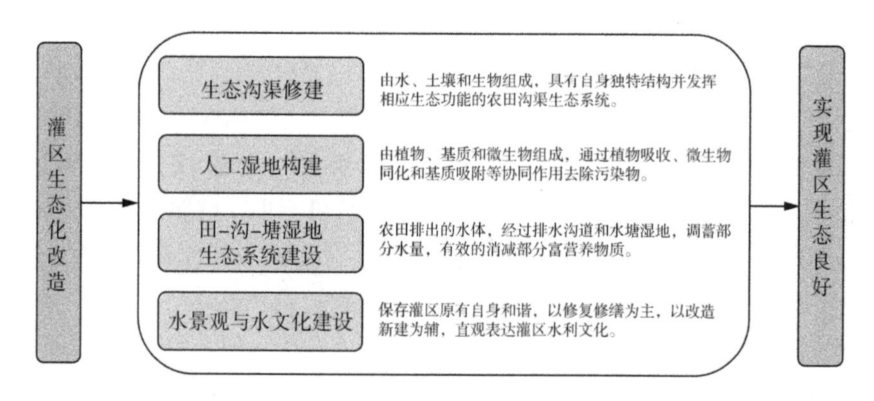

图 2-6　灌区生态化改造模式图

一、生态沟渠修建

为提高沟渠过水能力、防止沟渠堵塞，农田排灌沟渠多经人工硬化、取直处理，其与周围土壤、水体的交换被阻隔，水质净化功能丧失。在大幅度提高排灌能力与防洪抗灾水平的同时，进一步导致水生态破坏或水环境恶化，加剧农田生态环境碎片化和农业生物多样性危机，弱化农业环境的自净与自我平衡能力。同时经过硬质化处理后的大部分小型农田排灌渠道所用材料为混凝土或砖石混合结构，老旧的灌溉渠道已经难以发挥作用，使用过期或损毁后废弃材料则会形成二次污染。因此需要从流域或区域整体利益角度出发，找到既能够发挥排水灌溉沟渠的水利功能，又能够利用排水沟渠生态功能的“平衡点”,合理设计和维护农田排灌沟渠。基于上述问题,提出了农田生态排灌沟渠技术。

生态灌排沟渠的土质沟渠渠槽深度为 50～150 cm,其底部纵坡比降为 1/500～1/1 000,断面形式可采用梯形、弧形底梯形、抛物线形断面或半圆形断面,沟渠表层为土壤拌入作物秸秆、本地灌草秸秆和草种压实形成。过水系统为农田和排灌沟渠连接通道,由工程塑料、不锈钢、玻璃钢和土工膜等制作,断面形式可采用矩形、圆形、椭圆形,过水通道两端分别设置水阀,出水口包覆滤料或土工布。其结构示意见图 2-7,主要施工方法如下:

(1) 在距农田附近收集作物和本地野生灌草秸秆。

(2) 根据农田规划工程设计要求,在沟渠指定地点开挖土质边坡,将作物秸秆和野生灌草秸秆拌入开挖的土壤中,即为排灌沟渠的边坡生态层;秸秆拌入后沟渠的稳定性,需确保符合土质沟渠的要求。

(3) 在土质沟渠边坡修建过水系统,先将工程管道埋入水质沟渠中,并在工程管道两端安装水阀;安装完毕后再在工程管道两端出水口处包覆过滤部件;在需要强排或强灌时,可使用水泵完成排水或灌溉任务。

(4) 排灌沟渠中野草生长过于茂盛时进行收割,将野草秸秆用于其他生态沟渠的修建中。

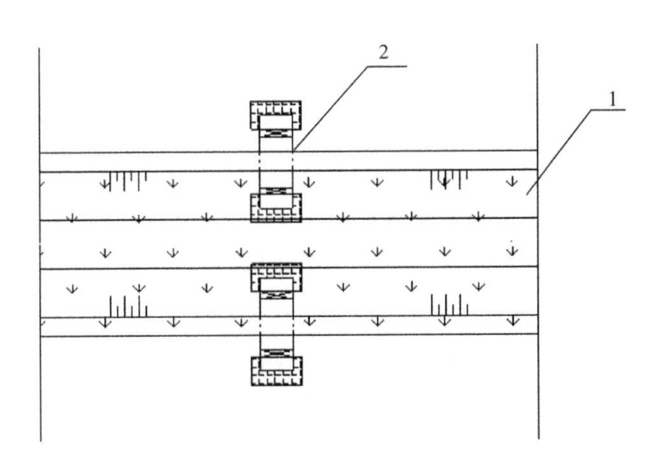

1—土质沟渠；2—过水系统

图 2-7　农田生态排灌沟渠

二、人工湿地构建

人工湿地是一个由植物、基质和微生物组成的综合生态系统，通过植物吸收、微生物同化和基质吸附等协同作用有效去除污染物。人工生态湿地的建设，不仅可以平衡灌区湿地和景观系统的水量，还可以提高水体自身的净水能力，改善水质，同时，周围的生活环境保持在良好状态。湿地还可以在减少环境污染方面发挥作用，当农业排水流经湿地时，生态人工湿地可以使排水中的大颗粒杂质被拦截并从水体中排出；除此之外，湿地挺水植物也能起到净化水体的作用。排水经生态人工湿地处理系统净化后，用于河流和湖泊的补水，以实现水资源的有效回收。

人工湿地主要由湿地基质、湿地植物等组成。基质作为人工湿地的组成部分，作用极其重要，它构成了人工湿地床体，为植物提供类似土壤的种植基础，为微生物提供可附着生长的空间载体。灌区湿地基质宜选择灌区内土壤，以保护灌区生态。植物是人工湿地中的重要组成部分，能够吸收或同化水体中营养物质供自身生长并达到净化水质的作用，同时也会提升微生物群落多样性，增强人工湿地整体生态净化能力。灌区湿地系统边坡采用草垫护坡和草石格网式护坡，并在边坡底部，特别是沟道水面以下的边坡种植植物。通常选取本地生长良好的优势植物种类，以保证植物的正常生长；其次是选择具有经济价值并有较好净化能力的植物种类。

三、田-沟-塘湿地生态系统建设

地表排水是稻田氮磷进入受纳水体的重要途径，而农田排出的水体，经过排水沟道和水塘湿地，既可以进一步调蓄部分水量，又可以有效地消减部分氮磷等富营养物质。因此，采用田-沟-塘协同调控模式，降雨由农田进行初次拦截，由沟塘系统对农田排水进行二次或多次拦截，在减少排水量的同时，增加雨水在农田、农沟中的滞留时间，充分发挥田-沟-塘的湿地效应以消减氮磷浓度，应比单一的农田或沟道控制排水具有更好的减排效果。田-沟-塘理想构建模式见图 2-8。

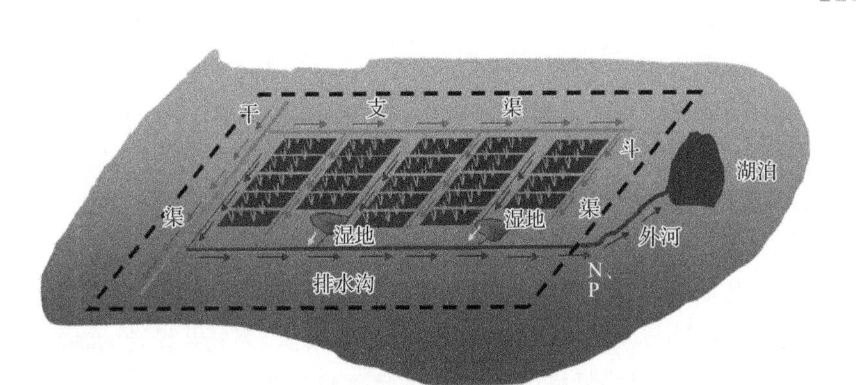

图 2-8　一种理想的田-沟-塘调控模式示意图

为了满足节水减排高效灌排模式的需要，在完善灌区干、支、斗、农各级排水沟的基础上，灌区还应保留一定的坑塘水面(或湿地)，并定期进行清淤疏浚，以保障雨洪资源合理利用。根据灌区实际计算其适宜水面率，选择理想的田-沟-塘调控模式，确定其干沟支沟的间距、口宽以及每条支沟控制范围内布置坑塘(或湿地)数量。田-沟-塘协同调控模式实景图见图 2-9。

图 2-9　田-沟-塘协同调控模式实景图

四、水景观与水文化建设

灌区生态水利景观是生态水利理念与景观美学设计相结合的结果。在进行规划与改造的时候，保护自然资源、优先维持自然原有过程是利用和改造自然的前提。灌区生态水利景观的设计不能仅局限于一个区、一个块的效益得失，要多目标、多角度分析需求，既考虑人的需求，也考虑环境需求，既考虑灌区高产值，也考虑提高社会效益与生态效益，既尊重与保护部分原有设计，也考虑美学与艺术价值而设计。

灌区有其独特的风光，不同地区的灌区的设计差异和灌溉水利文化差异是当地独特气候条件与风俗最直观真实的体现与表达。因此在设计的时候，保留灌区原有自身和谐，以修复修缮为主，以改造新建为辅，适度减少景观建设以防止工程量过大与环境负面影响是十分必要的。灌区生态水利景观主要包括灌区引水输水工程景观、灌区田间生态水利景观、灌区农村生活休闲景观、灌区风景名胜与文化景观几种主要类型。

(1) 灌区引水输水工程景观。灌区引水输水工程景观包括渠首水利工程景观、渠(河)道沿线生态坡岸景观、生态渠道景观等。现代的水工建筑物与其周边的配套景观的生态设计，能够直观地体现出生态水利理念在灌区的应用。干渠(河)道是灌区引水输水的重要水利工程，通过生态坡岸设计和生态渠道景观的建设，可形成廊道式生态景观元素。因地制宜地将文化广场、水利文化公园、水工建筑物观赏园、水利博物馆等建筑形式穿插其间，形成有重点的斑块景观布置。

(2) 灌区田间生态水利景观。田间生态水利景观分为田块景观、田间生态沟渠景观、塘库周边生态景观、田间建筑物景观等。田块景观包括因地形地理条件形成的田块布置如山丘区的梯田、河网区的圩田等形成的景观，可通过间种、轮种特定生长期美观的作物如油菜、紫云英、芝麻等形成的季节性景观等。田间生态沟渠景观包括两岸种植灌木、花草、柳树等形成的景观、建造生态排水沟形成的生物多样性生态系统景观等。塘库周边生态景观则有塘库清淤加固、道路整修、岸边种植垂柳、布置亲水平台周边种植花草形成的观赏湖景观等。田间水利景观不但对于改善地区小气候、水土保持有着重要的作用，同时具有美观与艺术价值。

(3) 灌区农村生活休闲景观。灌区农村生活休闲景观主要包括村民房前屋后的绿地景观、荷花池等水生植物塘湖景观、节水灌溉茶果庄园景观、浅水鱼虾养殖景观、大棚蔬果园体验景观和林地、草场等休闲景观等。灌区村民生活和休闲体验景观的建设是周边城镇居民开展农活体验、踏青采摘、度假垂钓的好去处，可形成体验农业、观光农业和服务农业为一体的综合式农业生态旅游景观。

(4) 灌区风景名胜与文化景观。灌区风景名胜包括通过水利建设而形成的山水田园风景以及因为地势地貌而形成的具有特色的旅游风景资源，而灌区文化景观包括灌区内悠久的历史积淀形成的名人文化故居、历史典故遗址、古代文化建筑、宗教寺庙等文化景观。

第五节　灌区管理方案优化

一、灌区组织结构

为全面提升灌区管理水平，保障灌区工程安全运行和持续发挥效益，服务区乡村振兴战略和经济社会发展，根据水利部《大中型灌区标准化规范化管理指导意见（试行）》《水利工程管理考核办法》等要求，结合灌区工程建设与管理实际，坚持政府主导、部门协作，落实责任、强化监管，全面规划、稳步推进，统一标准、分级实施的原则有序推进灌区标准化规范化管理。市、区、县各级水利局应负责灌区标准化规范化管理的组织领导，指导、监督灌区标准化规范化建设与管理工作，灌区管理部门总体任务与功能结构如图 2-10 所示，以充分反映灌区现代化管理的要求，把灌区组织结构予以规范化和现代化。

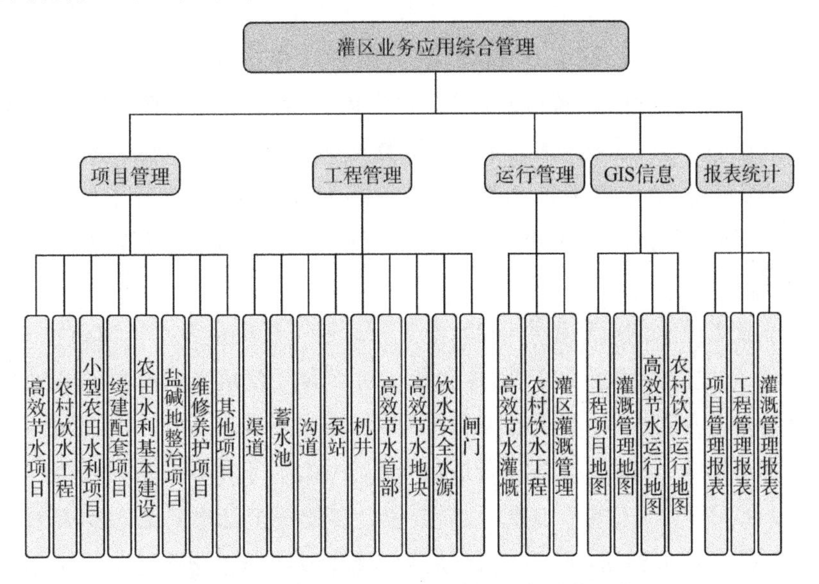

图 2-10　灌区管理部门总体任务与功能结构

（一）组织管理部门优化

区县水利局指导、督促灌区加强组织管理工作，不断深化灌区管理体制改革。管理体制顺畅，管理权限明确；实行管养分离，内部事企分开；建立竞争机制，实行竞聘上岗；建立合理、有效的激励机制。灌区管理所应根据灌区职能及批复的灌区管理体制改革方案，落实管理机构和人员编制，根据每万亩灌面专管人数 2 人的目标，合理设置岗位和配置人员，不超过部颁标准。

灌区管理所应注重做到以下几点：(1)建立健全灌区管理制度，落实岗位责任主体和管理人员工作职责，做到责任落实到位，制度执行有力，骨干工程由区县水利局直属水管单位管理，小型水利工程由乡镇负总责。(2)加强人才队伍建设，优化灌区人员结构，创新人才激励机制，配备技术负责人，技术工人经培训上岗，关键岗位持证上岗，制订职业技能培训计划并积极组织实施，职工年培训率达到 60%以上，确保灌区管理人员素质满足岗位管理需求。(3)高度重视党建工作、党风廉政建设、精神文明创建和水文化建设，加强相关法律法规、工程保护和安全的宣传教育，确保职工文体活动丰富，争取获区县及以上精神文明单位或先进单位等称号。

（二）安全管理部门优化

灌区管理所应加强灌区安全管理，保障工程安全正常运行，落实安全生产管理机构、人员和制度，特种作业人员持证上岗，注重安全生产标准化建设，确保无重大安全责任事故。对重要工程设施、重要保护地段，应设置禁止事项告示牌和安全警示标志等，依法依规对工程管理和保护范围内的活动进行管理和巡查。对于骨干工程，区县水利局、灌区管理所根据实际需要设置水法、规章、制度等标语、标牌，设置位置醒目，宣传内容清晰。在河道、渠道岸边醒目位置间隔设置“坡滑水深，禁止靠近”类警示牌。落实水旱灾害防御责任制，成立水旱灾害防御指挥领导小组，形成一把手负总责、其他班子成员分片包干负责、一线防汛抗旱职工具体负责的“三级”联动机制，并制定责任明晰的岗位责任制。

每年灌溉供水前后及汛期前后，灌区管理所进行渠道及水工建筑物安全隐患排查，并建立安全隐患文字、图片台账。对于灌区泵站变压器和供电线路、土质高边坡易塌方渠堤、砂壤土易发管涌渠堤、坡滑水深易发溺水区等重大危险源辨识管控到位；对隐患排查结果进行分析评估，对于单位依靠自身能力能够解决的立即整改，对于整改难度大、需要资金多的安全隐患制定初步解决方案，并及时上报区县水利局，由区县水利局列入维修养护项目进行整改。由安全生产工作领导小组制定安全生产工作实施方案、安全生产事故应急管理办法，所有特种作业人员全部持证上岗，需具备较强的安全应急处理能力。

（三）工程管理部门优化

建立健全工程日常管理、工程巡查、观测及维修养护制度，尽快出台完善"管养分离"等方面的办法和制度，推动灌区建立良好的管理运行机制。建立健全灌区档案管理规章制度，按照水利部《水利工程建设项目档案管理规定》，建立完整的技术档案，档案要求灌区技术图表齐全，工程分布图、骨干渠道纵横断面图、建筑物平立剖面图、启闭机控制图、主要技术指标表以及主要设备规格、检修情况表等齐全，逐步实现档案管理数字化。骨干渠道完好率达到95%以上，各类建筑物完好率达到90%以上；工程巡护、检查有制度可依据，检查记录图表清晰、齐全；按规定开展工程观测，观测设施完好率达90%以上。

积极推进灌区管理现代化建设，依据灌区管理需求，制定管理现代化发展相关规划和实施计划，积极引进、推广使用管理新技术，开展信息化基础设施、业务应用系统和信息化保障环境建设，改善管理手段，增加管理科技含量，做到灌区管理系统运行可靠、设备管理完好，利用率高，不断提升灌区管理信息化水平。

（四）供用水管理部门优化

编制年度引（用）水计划，实行总量控制和定额管理，灌区引（用）水计划执行无人为失误，编制的引（用）水计划无用户反映不合理，有动态用水计划管理措施；按要求每年编制灌区水量调度的方案或计划，水量调度制度完善，调度指令畅通，水量调度及时、准确，水量调度记录完整；量水信息记录规范，资料齐全，量水设备和仪器精度均保持在规范和标准允许范围；每年制订农田灌溉节水技术推广计划，有节水灌溉技术培训，亩均用水量要呈年度递减，灌溉水利用系数每年递增。

建立健全节水管理制度，积极推广应用节水技术和工艺，每年制订农田灌溉节水技术推广计划和节水宣传活动，积极推进农业水价综合改革，建立健全节水激励机制，提高灌区用水效率和效益，推进节水型灌区创建工作。结合灌区生产实际，积极开展灌溉试验、用水管理、工程管理等相关科学研究，推进科研成果转化。

（五）经济管理部门优化

健全财务管理制度，保障管理人员待遇。确保灌区维修养护、运行管理经费下达中各个环节均无截留，维修养护经费由区县财政局管理，维修养护项目实行公开招投标，资金按照规定程序拨付；运行管理费由区县水利局扎口管理，资金使用实行报账制，确保两项费用使用规范，确保公益性人员基本支出和工程公益性部分维修养护费及时足额到位。按有关规定收取水费和其他费用，收取率达到95%及以上。

灌区管理所的人员基础工资实行每月足额发放，80%奖励性绩效工资按季度考核发放，20%奖励性绩效工资年终考核一次性发放，确保当年工资当年足额结清；福利待遇执行人社局统一的调资标准，与同类事业单位基本持平，需高于区县平均水平。

二、灌区管理制度优化

在灌区管理体制机制改革方面，我国灌区积极探索实现灌区良性循环的可持续管理途径，推进灌排设施管理专业化、规范化，建立良性运行机制。骨干工程实行专管机构管理，小型灌排设施推进农民用水合作组织参与管理。专业化管理经费由政府财政资金支持，按照定岗定员规范化运行，小型灌排设施由农民自己承担，主要通过水费来解决，政府给予补助。目前，我国灌区正在全面推进农业水价综合改革、农田水利设施产权制度改革和创新运行管护机制试点、农民用水合作组织多元化发展以及农业用水水权制度改革等。灌区管理体制和机制的改革促进了灌区逐步实现财务收支平衡和灌溉工程的可持续利用和管理。

（一）灌区管理制度优化总体思路

加强顶层设计，坚持问题导向，强调政府统领，各部门协调，全面贯彻新发展理念，积极践行新时期治水思路，围绕保障粮食安全、供水安全、生态安全，落实节水优先方针，坚持综合施策、重点突破、改革创新、稳步推进，着力改革管理体制、强化标准化规范化管理、推动机制改革、创新制度体系、加强科技服务、全面提升从业人员素质，形成职能清晰、权责明确的管理体制，资源优化配置、合理利用与有效保护的制度体系，专业高效、经营规范的管理队伍，全方位提升灌区管理保障能力与服务支撑水平。

（二）灌区管理制度优化总体目标

完善灌区综合管理体制机制、推进灌区智慧管理服务、创新多元治理方式，推进灌区标准化规范化管理，健全灌区财务和资产管理制度，确保“两费”足额到位，实现灌区良性循环；进一步巩固农业水价综合改革成果，强化农业用水定额和农田排水定额管理,统筹考虑供水成本、用户承受能力、补贴机制建立以及灌溉定额、排水定额等因素,对超定额用水和超定额排水实行累进加价制度;全面提升灌区从业人员素质,开展灌溉试验和科技推广,加强新技术、新材料、新工艺、新设备以及装配化建筑物在现代化灌区改造中的应用,逐步实现综合治理能力的现代化(图 2-11)。十四五期间,水价形成机制完善,水费管理制度落实,"两费"落实率达到 95%以上,执行水价达到运维成本水价水平;标准化、规范化管理基本落实,信息化覆盖度达到 80%,用水调度、工程设施管护实现信息化管理,职工年度参加培训人员占比不低于 60%。

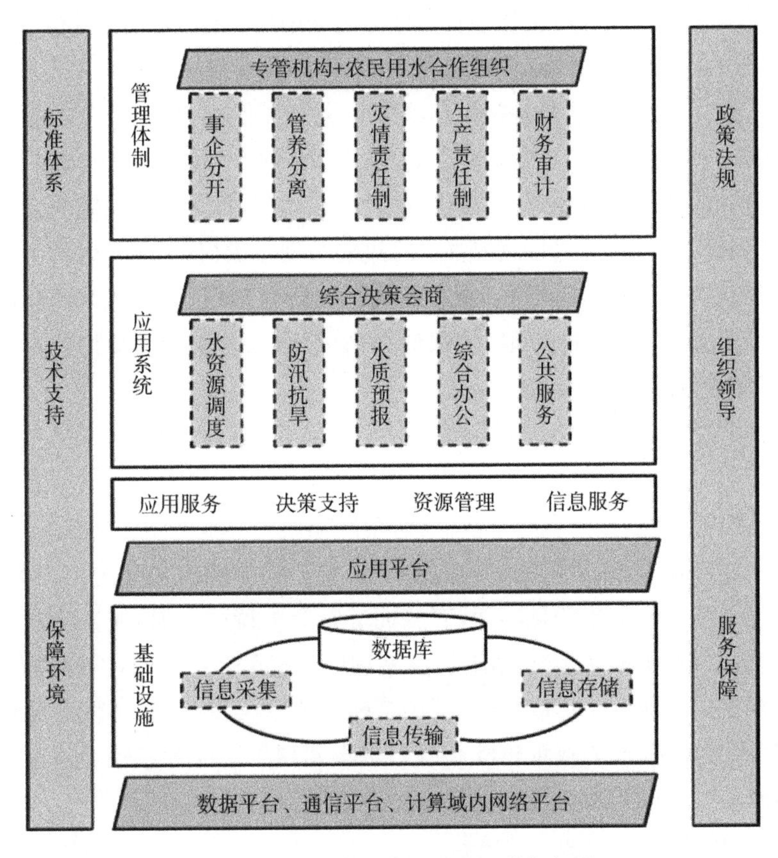

图 2-11 灌区管理制度优化总体框架图

(三) 灌区管理制度优化主要任务

(1) 管理体制改革

按照《水利工程管理考核办法(试行)》,完善有关制度,明确灌区管理单位功能定位,加快推进事业单位分类改革;积极探索政事分开、管办分开的多种有效实现形式，健全事业单位内部的决策、执行、监督机制。灌区管理所进一步进行机构内部管理体制改革，完善骨干工程的管理；推行水利工程养护购买服务模式，管理所以合同制工人为基础组建专门的维修养护队伍，专业承接灌区维修养护任务，实现真正的管养分离；加强用水合作组织规范化建设，充分发挥其在田间工程、末级渠系建设管理、用水管理、水价协商、水费计收等方面的作用。

（2）灌区管理制度

根据灌区标准化规范化管理的要求，需完善管理制度，建立管理标准，落实岗位责任主体和管理人员工作职责。建立健全财务、资产等管理制度。落实工程设施及设备的管理与维修养护责任主体，筹措落实管护经费，积极推进物业化管理。建立安全生产管理体系，落实安全生产责任制，建立健全工程安全巡检、隐患排查和登记建档制度，落实水旱灾害防御责任制，明确岗位职责，建立事故报告和应急响应机制等。加强巡护、检查、观测，确保工程设施与设备状态完好，达到设计标准，效益持续发挥。推进灌区划界确权工作，明确骨干工程管理和保护范围，设置界碑、界桩、保护标志。推行总量控制与定额管理，取水许可手续规范完善，编制年度（取）供水计划，农业用水总量指标细化分解到用水主体，制定灌区用水管理制度。

（3）巩固农业水价综合改革成果

农田水利基础设施持续改善，农业灌溉方式从大水漫灌逐渐向节水灌溉转变，农业水价形成机制得到进一步完善，精准补贴和节水奖励机制被基本建立，先进适用的农业节水技术措施被普遍应用，农业种植结构实现优化调整，用水方式逐渐由粗放式向集约化转变，有效促进农业可持续发展，加快全县农业现代化进程。按照国务院及有关部委、省水利厅等有关部门要求，以节水为目标，统筹协同推进农业水价形成机制、精确补贴与节水奖励机制、工程建设和管护机制、用水管理机制，农业水价综合改革基本实现了灌区全覆盖。须进一步巩固农业水价综合改革成果，提炼可推广的典型经验。

（4）加强科技支撑和人才培养

强化科技驱动。依托科研院所、高校、灌溉试验站，在高效节水、农田生态、环境治理、水生态环境修复等方面探索集成优化技术组合，推动灌区可持续发展。进一步加大水利科技推广体系改革与建设力度，促进成果转化。

强化人才培养。依托水利科研、推广项目和人才培训工程，加强现代化发展科技人才队伍建设。充分利用水利高等教育、职业教育等培训渠道，培养灌区高效用水、农村环境监测、生态修复等方面的技能型人才，优化灌区人才结构、提高现代化发展专业水平，为灌区现代化发展提供坚实的人才保障。

（四）改革灌区人员编制与管理体制

深化管理体制改革，落实灌区管理所人员编制，合理设置岗位，优化人员配置，加强各级编制、人事、财政、社会保障、水利等相关部门协调联动，健全相关的配套政策；加强"两费"落实情况的检查督导，并进行奖惩。同时，要广辟资金渠道，通过财政转移支付、国家项目补助、土地出让收益计收等多种形式，对灌区"两费"进行补贴，出台优惠政策，促进灌区市场化运作及多种经营，增加收入渠道，缓解灌区"两费"落实压力。

积极推行事企分开、管养分离。市、区、县水利局负责灌区水利工程及取水和用水的统一管理和保护；灌区管理所负责工程供水计划编制、供水和配水调度；各乡（镇）水管站负责所辖范围内支渠、斗渠及以下渠道及其附属建筑物的管理使用。各地方调水，尤其是上下游用水紧张导致计划有所冲突的，经县水利局进行协调，遵循轮灌灌溉制度，安排提水、调水。乡（镇）供水站在人事上隶属于当地政府，业务上受上级专管部门指导。推行水利工程养护购买服务模式，区局以合同制工人为基础组建专门的维修养护队伍，实现真正的管养分离。

（五）健全灌区财务和资产管理制度

建立健全灌区财务管理和资产管理等制度，维修养护、运行管理等费用来源渠道畅通，使用规范，严格执行财务会计制度，无违规违纪行为；灌区管理人员工资、福利待遇应达到当地平均水平并及时足额兑现，按规定落实职工养老、失业、医疗等各种社会保险；科学核定灌区供水成本，做好水价调整工作；完善灌区水费计收使用办法，按有关规定收取水费和其他费用。在确保防洪、供水和生态安全的前提下，合理利用灌区管理范围内的水土资源，充分发挥灌区综合效益，保障国有资产保值增值。

（六）构建灌区安全生产管理体系

建立健全安全生产管理体系，落实安全生产责任制，建立健全工程安全巡检、隐患排查和登记建档制度。推进安全生产标准化达标创建，特种作业人员持证上岗。建立事故报告和应急响应机制，在工程安全隐患消除前，应落实相应的安全保障措施。

落实水旱灾害防御责任制，明确岗位职责。制定水旱灾害防御、重要险工险段事故应急预案，应急器材储备和人员配备满足应急抢险等需求，按要求开展事故应急救援、水旱灾害防御培训和演练，确保工程险情发现及时、抢险方案可行、险情处置及时、措施得当。定期对工程设施、设备进行检查、检修和校验或率定，确保工程安全设施和装置齐备、完好。对重大危险源应辨识管控到位，确保劳动保护用品配备满足安全生产要求。对特种设备、计量装置要按国家有关规定管理和检定。

三、灌区管理信息化技术集成

（一）灌区信息化技术特点

为能让所构建的系统更全面、有效地反映灌区综合信息，首先分析其监测与管理的主要特点，从而为基于 GIS 的灌区移动智慧管理系统的方案设计提供基础。灌区监测与管理的特点主要有：

（1）工程对象种类众多

灌区监测的工程对象从类型上总体可分为遥测站和枢纽点两大类，其中前者又包括水位站、气象站、雨量站、风速风向站、流量站、水质站等，而后者又包括枢纽、泵站、闸门等。

（2）传感器类型多样

由于不同工程对象具有不同监测项目，因此其传感器类型也较为多样。如水质站主要监测指标包括 pH 值、电导率、水温、溶解氧及浊度等，闸门监测主要包括闸前后水深、提闸高度、流量等，而泵站则主要涉及三相电压、电流以及运行状态等。因此，需要多种类型的传感器对这些监测项目进行感知。

（3）需满足不同传输协议与通信规约

由于传感器类型较多，其需满足的数据通信协议也有所不同。对于闸门、泵站等现地控制单元，其智能传感器与遥测终端间需满足 MODBUS 通信协议，而对于水位、流量、水质、墒情等水文监测系统，其传感器与遥测远程终端单元间数据通信协议需满足水文监测数据通信规约（SL 651—2014）。

（4）需实现实时动态监测

由于灌区一般需承担灌溉、抗旱补源、城市供水等任务，因此流量、水质及闸门状态等参数指标极为重要，需实时显示其动态变化，同时，当此类监测参数低于或高于警戒值时需及时发出警报，以便管理人员根据应急预案采取相应措施。

(5) 需允许视频辅助管理

通过图像及影像信息的采集可实时监测工程建筑物(如闸门等)运行状态。灌区包括数百千米各级渠道及上千座各种建筑物,具有范围大、工程多、渠线长等特点,单靠人工巡视管理任务极其繁重。因此在关键节点及部位需布置视频监视点,通过实时视频,管理人员可以在任何时刻观察灌区及工程建筑的状况,及时发现可能危害工程安全的异常情况等。

(二) 灌区管理信息化系统构建

(1) 系统结构框架设计

移动智慧管理系统以移动数字地图作为灌区平面图底图,并将灌区空间信息与关键节点、测站等的属性、监测数据等相融合,用户通过该系统可实现灌区各类信息查询与实时监测,操作方便,管理能力增强。同时,对灌区进行空间细化使查询和分析快速便捷,有利于灌区供水、配水、防汛的决策。

系统可采用开源地图 API 构建 GIS 模块,数据通过 HTTP 访问数据层,将访问数据以 ISON 格式返回。移动智慧管理系统包含视图层、控制层、网络层,视图层主要用于用户操作及数据查询,通过用户操作访问控制层,控制层对网络层进行 HTTP 请求,网络层通过 Volley 框架发送 HTTP 请求并解析 JSON 数据返回到控制层,控制层组装数据后返回到视图层。

同时移动智慧管理系统自动更新及程序缺陷自动收集上报通过腾讯 Bugly 实现,图形报表采用混合架构,通过内嵌浏览器调用本地 HTML 和 JS。移动智慧管理系统接口发布在 IIS 上,采用基于 MVC 架构开发。系统总体结构分为数据采集层、数据层、应用层。图 2-12 是灌区管理信息化系统平台技术建构思路。移动智慧管理系统可采用 Android Studio 2.0 平台进行开发和测试采集、数据管理、发布等,服务器系统可采用 Microsoft Server 等平台予以部署。

(2) 数据采集、处理与分析

数据采集:利用各类专业软件对现地监控单元/远程终端单元解析报文并通过局域网/GPRS 传输到数据中心。

数据层:灌区监测信息种类繁多,包含视频、闸门、泵站、遥测、预警等多元数据,建立数据层可统一管理、存储不同类别的空间、属性等数据,实现灌区数据的整体化管理、存储和服务。

应用层:建立在数据层上,在应用层利用诸如 WebAccess 和 BootStrap 等软件或组件构建不同领域的专业软件和工具,提供信息查询管理维护、图形报

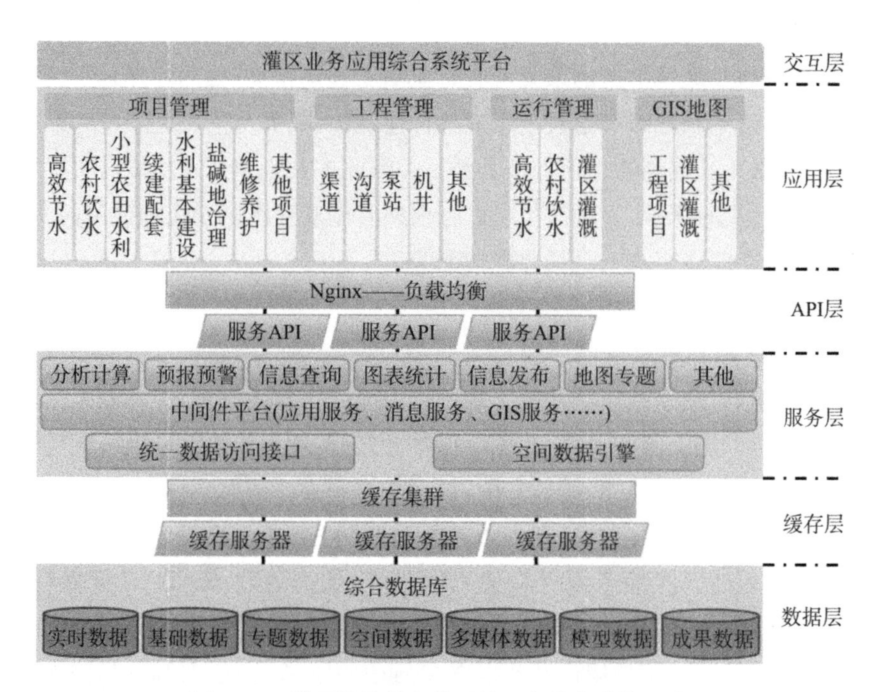

图 2-12　灌区管理信息化系统平台技术建构思路

表、统计分析等功能服务。

移动智慧管理系统:通过 HTTP 访问数据接口,将灌区各类监测信息实时反馈到灌区信息化管理平台上,用户可远程访问和远程管理。灌区管理信息化数据传输与处理如图 2-13 所示,智慧管理系统通过应用集成、数据集成、成果集成等在灌区平面图上集成视频、闸门、泵站、遥测、预警等多元数据和信息,并基于这些信息进行空间的定位、查询、分析等。

(三) 灌区管理信息化系统模块与功能集成

灌区管理是需要信息科学、计算机科学、地理学、数学、测绘遥感学和管理科学等多个学科知识与技术联合运用、推演和集成,其特点在于把社会生活中的各种信息与反映地理位置的图形有机结合,并根据用户的触发指令,对离散数据整合、分析,其结果为决策提供参考和依据。灌区信息除了具有信息的一般特征外,还与地理空间关联密切,几乎 70%以上的水资源信息都与地理位置关联在一起:同时水资源管理的主要内容与各水文要素的空间变异性密切相关,既涉及水资源空间信息的管理,又需涉及水资源属性信息管理,信息管理呈现空间信息量大、格式多样的特点。如图 2-14,建立基于地理信息的灌区水资源管理信息系统不仅是切实可行的,而且可使系统除具备普通 IMS 功能之外,

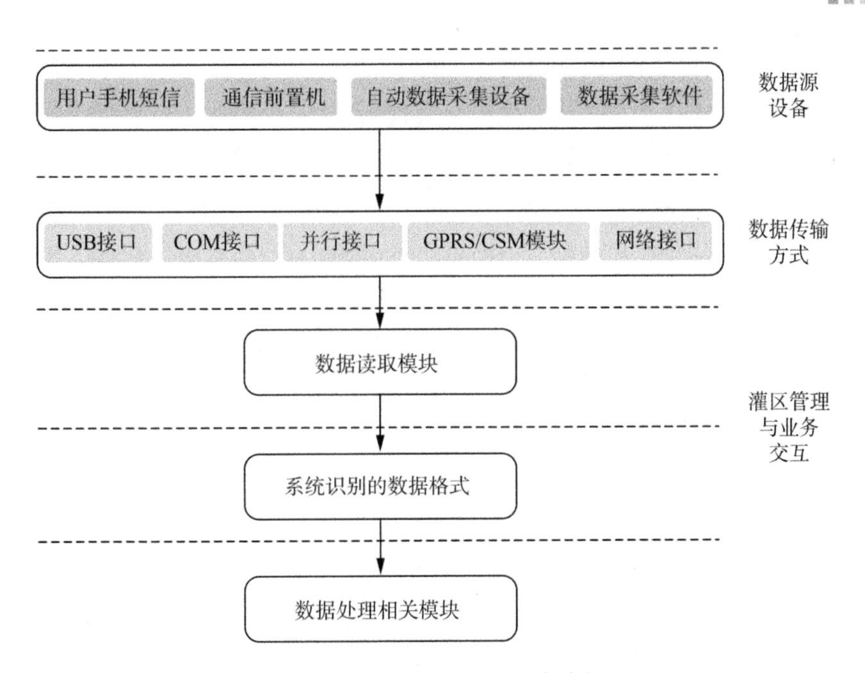

图 2-13 灌区管理信息化数据传输与处理

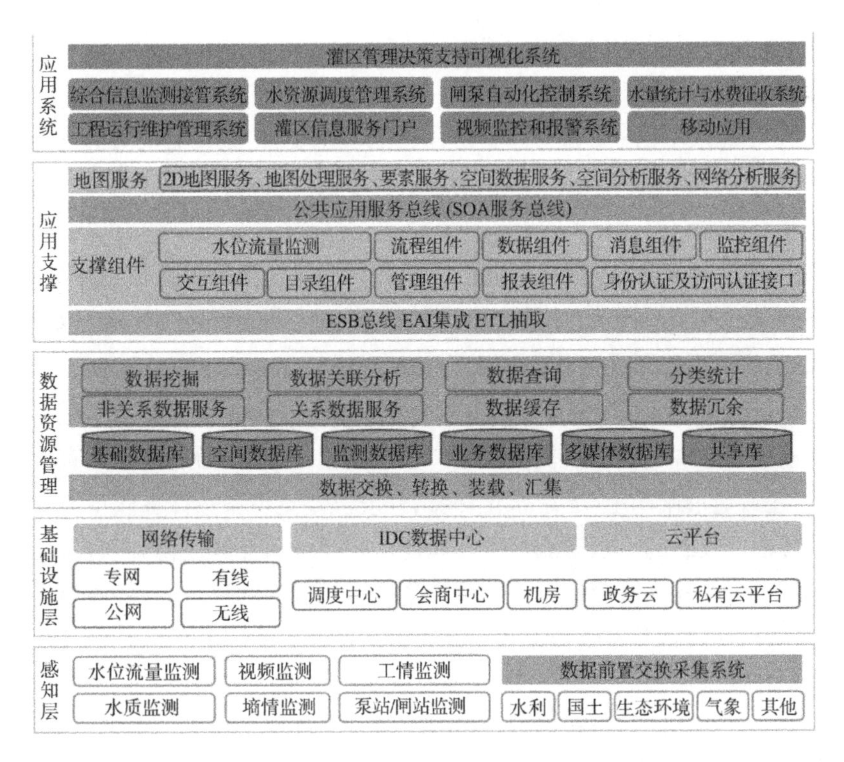

图 2-14 灌区信息化工程建设与功能集成体系

同时具备构建网络传输、IDC数据中心以及云平台功能，还能管理空间信息和实现针对灌区特殊应用的需求，从根本上提高灌区管理水平，进而推进灌区信息化建设。另外，灌区水资源管理直接影响到灌区工程效益的发挥，水资源的合理利用以及经济效益和社会效益的提高。当前灌区中普遍存在了两个问题：一是水资源短缺，制约着农业生产的进一步发展；二是农业用水缺乏优化管理和调配，浪费现象严重。如何合理利用水资源，充分发挥水资源效益，建设现代化节水型生态灌区，是目前灌区管理中迫切需要解决的问题。

（1）基础信息管理模块

针对灌区工程对象种类繁多的特点，需对遥测站、闸门、泵站、视频监测点等基本信息进行管理，工程对象不同，其基本信息也有所不同。如遥测站主要对应测站名称、河流、水系及流域名称、经纬度、站址、水位基值、测站类型（水位站、气象站、雨量站、风速站、流量站或水质站等）、建站时间、信息管理单位等信息；闸门信息主要包括闸门名称、经纬度、水位预警值、监测方式、操作时间和操作人员等信息；泵站则主要对应泵站名称、机组数、经纬度、操作时间和操作人员等信息；视频点基本信息包括名称、IP地址、端口、经纬度等信息。

（2）水情墒情模块

水情墒情信息是灌区重要监测指标，需根据水文、气象、土壤墒情及作物生长期灌溉需求，提出灌区需水计划。因此，在水情墒情模块中包括水位信息（测量时间及对应水位值、水位报警）、雨情信息（测量时间及对应降雨量和报警信息）、风情信息（测量时间、风向、风速、风力等级及风速报警等）、气温信息（测量时间、气温值、气温报警等）以及土壤墒情信息（包括测量时间、表层含水量、浅层含水量、深层含水量及各层对应的报警信息）。

（3）流量及流量系数模块

流量是最直观反映灌区供水量的一项重要指标，除可通过流量站直接监测获得外，还可通过闸门上、下游水位、闸门开度以及流量系数计算获得。其中流量系数需根据累积的一定实测流量及相应的水位资料计算获得，同时考虑到其随上、下游水位、开闸高度等因素变化而变化，可通过曲线（公式）法或分级处理法进行率定，在获得其率定值基础上即可进行推流。

（4）水质模块

由于大部分灌区承担着灌溉、供水等功能，因此对水质有一定要求，常布置有水质站对pH值、电导率、水温、溶解氧、浊度等水环境指标进行监测及预警。

（5）闸门监测模块

闸门调节是灌区工程中经常采用的手段，研究闸门控制对于节约能源、确保水利工程正常运行、提高水资源利用效率和节约用水具有重要意义。闸门监测包括远程监测系统和人工监测两种，参数主要包括测量时刻、上下游水位、闸门开启高度、实测流量、计算流量及方式等。

（6）泵站监测模块

灌区泵站主要用于提水灌溉，其监测指标参数主要包括机组编号、监测时刻、三相电压、电流、机组运行状态（运行或停止）以及是否存在故障等信息。

（7）视频点监测模块

由于灌区具有范围大、工程多、渠线长的特点，仅靠人工巡视检查无法满足安全运行需求，因此需在闸门等关键部位布置视频监视点，通过实时视频了解闸门等运行情况。因此，视频模块中需包括视频点名称、实时视频等信息。

（8）预警模块

通过模型对现有监测数据进行分析，分析出理论的预警值并在预警管理中进行配置，同时用户可自行配置多级预警阈值，通过配置可实现实时数据的预警，主要包括数据采集、信息查询、统计分析等功能：

数据采集通过自主开发C/S结构的客户端及WebAccess组件二次开发的监测平台实现遥测、闸门等监测数据的实时传送，将不同类型的监测数据统一传送到数据中心，实现监测数据的一体化集成和浏览查询。

信息查询按业务需求分为基本情况、预警、专业监测信息查询，按照查询方式分为区域查询、类型查询、点查询和条件查询：

①区域查询，按区域查询可任意对同一个区域内不同监测类型的监测项目查询，查询结果以列表形式显示；

②类型查询，针对同一类型监测点进行数据查询统计，之后进行图形绘制，统计分析，报表输出；

③点查询，针对单点监测数据进行特征统计、数据比对、曲线拟合等操作；

④条件查询，根据用户给定的条件进行查询，灵活性较强，可根据给定的条件将满足条件的图元及其属性查询出来。不同监测类型的数据查询条件也不同。

统计分析各种类型的灌区数据，以区域性来查询统计出监测点的分布情况、监测情况、预警情况等内容。允许单区域查询以及集中查询统计两种方式。根据查询条件可生成配水计划、水量统计、水损统计、曲线拟合、预警预报、实时监测数据等报表，通过选择年、月、时等报表类型，输出 Word、Excel 等多格式报表，同时可绘制不同条件下的统计图形。统计分析接口可供 GIS 调用，在 GIS 平台上可进行集中查询及统计分析，可定位到不同区域，同时也可在定位区域查询并浏览出其他类型监测信息。统计分析集成需有如下功能：

①根据统计条件计算出相关结果，供领导层决策支持；

②自定义查询统计条件，方便灵活；

③采用报表组件，可将统计结果输出到不同类型文件中，方便快捷；

④在 GIS 平台上，定位不同区域，展示不同区域的实时监测数据；

⑤能对不同类型数据进行水量统计、水损统计、曲线拟合、预报等分析，同时对统计出来的数据以折线图方式直观展现；

⑥可进行预警，不同监测类型设置不同预警方式，监测实时数据可在 GIS 平台上以不同标记进行预警，方便用户实时监测灌区内异常情况。

第三章

灌区水土资源优化配置

灌区不仅是农业生产和粮食安全的重要基地，也是自然生态与人工生态的复合系统，对区域生态环境和乡村振兴起着重要支撑作用。水土资源的协调利用是灌区在农业生产中发挥其功能的关键。农业水土资源优化配置是一个具有复杂结构的大系统优化问题，具有多尺度、多层次、多阶段、多变量、非线性等特点。从水土资源合理利用的角度出发，明确灌区农业水土资源配置过程及影响因素，分析水土资源优化配置模型研究现状，重点研究灌区多尺度多要素协同提升的农业水土资源优化配置方法与模型开发，有助于缓解水土资源矛盾，促进农业可持续发展。基于此，本章以江苏大型灌区为例，介绍了灌区水土资源优化配置。主要内容为：(1)灌区水土资源生产力现状及匹配格局；(2)灌区农业水土资源承载力健康度评价；(3)灌区水土资源优化配置。

第一节　灌区水土资源生产力现状及匹配格局

水资源和土地资源是农业生产核心要素，两者分布不匹配严重影响区域农业可持续发展。水土资源匹配情况一直是研究热点。基于水土资源匹配状况分析开展耕地和农业用水量生产力研究对于水土资源可持续利用具有重要意义。江苏省作为全国重要产粮地区，粮食总产量已连续 10 年超过 3 500 万吨，约占全国粮食总产量的 5.4%，灌区作为粮食主产区，其水土资源匹配及生产力水平对于保障国家粮食安全尤为重要。本节以江苏省大型灌区为研究对象(灌区分布情况见图 3-1)计算了水土资源匹配系数用来分析典型灌区水土资源匹配现状，以及耕地和农田灌溉水生产力，分析了典型灌区水土资源生产力水平，计算了基尼系数用来评估灌区水土资源匹配及生产力空间匹配格局。所用的耕地面积、农业灌溉用水量和粮食产量数据来自《江苏省“十四五”大型灌区续建配套与现代化改造规划》。

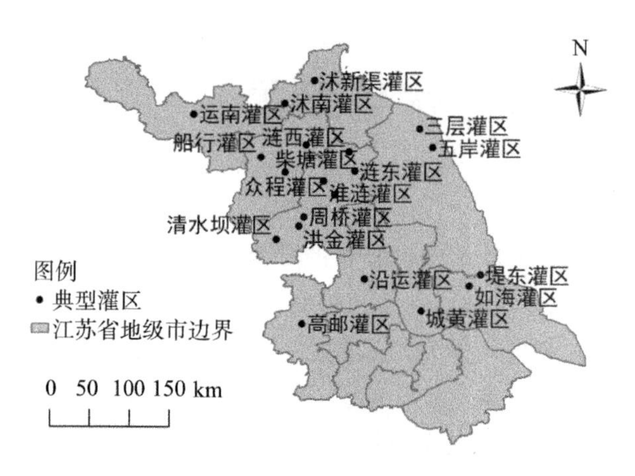

图 3-1 典型大型灌区分布图

一、研究方法

农业水土资源匹配系数：指单位面积耕地拥有的农田灌溉用水量，该值越大，农田灌溉用水越丰富，越有利于农业种植结构的调整，其计算公式为：

$$M_{\mathrm{WS}}=\frac{W}{S} \tag{3-1}$$

式中：M_{WS}——农业水土资源匹配系数(m^3/hm^2)；

W——农田灌溉用水量(m^3)；

S——耕地面积(hm^2)。

农田灌溉水生产力：单位体积农田灌溉用水量的粮食产量，反映当前农业种植结构和节水灌溉技术水平下的农业用水生产力，其计算公式为：

$$M_{\mathrm{W}}=\frac{Y}{W} \tag{3-2}$$

式中：M_{W}——农田灌溉水生产力(kg/m^3)；

Y——粮食产量(kg)。

耕地生产力:单位面积耕地的粮食产量,反映耕地的经济生产力。在保障粮食安全的前提下,通过优化作物种植结构,促进农业经济发展,其计算公式为:

$$M_S = \frac{Y}{S} \tag{3-3}$$

式中:M_S——耕地生产力(kg/hm^2)。

基尼系数:以农田灌溉用水量、耕地面积或粮食产量的累计比例为横纵坐标,按照大小排序构建洛伦兹曲线,基于洛伦兹曲线与45°线构成面积的2倍计算基尼系数。将基尼系数分级:$G\in[0,0.2]$表示高度匹配;$G\in(0.2,0.3]$表示相对匹配;$G\in(0.3,0.4]$表示一般;$G\in(0.4,0.5]$表示差距较大;$G\in(0.5,1.0]$表示差距悬殊。

二、水土资源匹配现状

典型大型灌区农业水土资源匹配系数如图3-2所示。20个典型灌区水土资源匹配系数差异显著,与江苏省农业水土资源匹配系数($0.71\times10^4\ m^3/hm^2$)相比较可以发现,高邮灌区、沿运灌区、涟西灌区以及周桥灌区的水土资源匹配程度较好,显著高于省平均水平。其中宿迁市的船行灌区水土资源匹配系数略低于省平均水平,达到$0.70\times10^4\ m^3/hm^2$,柴塘灌区的农业水土资源匹配系数

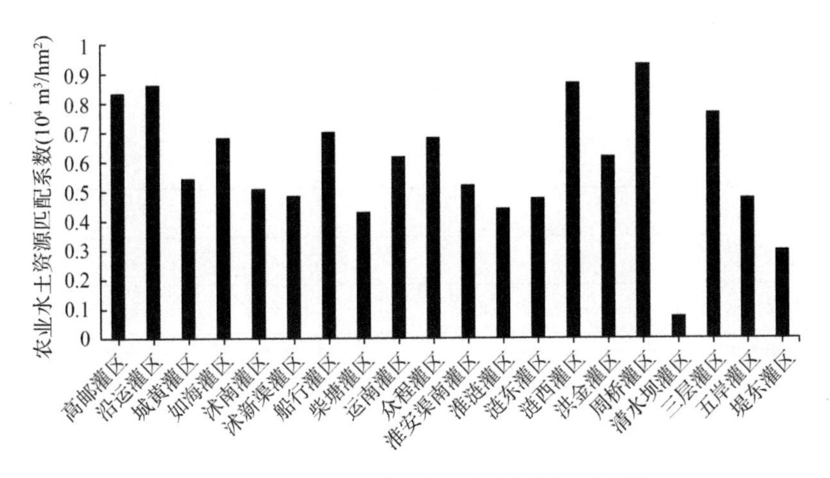

图3-2　典型大型灌区农业水土资源匹配系数

为 0.43×10^4 m^3/hm^2，较省平均水平相差较大，运南灌区的农业水土资源匹配系数为 0.62×10^4 m^3/hm^2，而众程灌区的农业水土资源匹配系数为 0.69×10^4 m^3/hm^2。

三、水土资源生产力现状

各灌区耕地生产力和农田灌溉水生产力计算结果见表 3-1。同时与江苏省平均耕地生产力(0.91 ×10^4 kg/hm^2)和农田灌溉水生产力(1.28 kg/m^3)进行比较发现，各典型大型灌区水土资源生产力水平差异显著，总体上是高于省水土资源平均生产力，其中高邮灌区水土资源生产力显著高于其他灌区，周桥灌区和三层灌区的耕地生产力以及农田灌溉水生产力均略低于省水土资源平均水平。另外宿迁市的船行灌区水土资源生产力水平略低于省水土资源平均生产力，耕地生产力和农田灌溉水生产力分别为 0.90×10^4 kg/hm^2 和 1.27 kg/m^3；柴塘灌区耕地生产力为 1.38×10^4 kg/hm^2，较省平均耕地生产力高出 51.65%，而农田灌溉水生产力为 3.21 kg/m^3，是省平均农田灌溉水生产力的 2.51 倍；运南灌区的耕地生产力要高于柴塘灌区，达到了 1.63 kg/m^3，但农田灌溉水生产力仅为柴塘灌区农田灌溉水生产力的 82.55%；众程灌区的耕地生产力为 1.46×10^4 kg/hm^2，介于柴塘灌区和运南灌区之间，而农田灌溉水生产力为 2.11 kg/m^3，要低于柴塘灌区和运南灌区。

表 3-1　典型大型灌区水土资源生产力

灌区名称	耕地生产力(10^4 kg/hm^2)	农田灌溉水生产力(kg/m^3)
高邮灌区	1.87	4.19
沿运灌区	1.24	1.44
城黄灌区	0.83	1.52
如海灌区	0.99	1.46
沭南灌区	1.18	2.30
沭新渠灌区	1.22	2.49
船行灌区	0.90	1.27
柴塘灌区	1.38	3.21
运南灌区	1.63	2.65

续表

灌区名称	耕地生产力(10^4kg/hm^2)	农田灌溉水生产力(kg/m^3)
众程灌区	1.46	2.11
淮安渠南灌区	1.17	2.24
淮涟灌区	0.78	1.76
涟东灌区	0.91	1.89
涟西灌区	0.96	1.11
洪金灌区	0.92	1.49
周桥灌区	0.81	0.87
清水坝灌区	1.59	2.20
三层灌区	0.62	0.80
五岸灌区	0.97	2.04
堤东灌区	0.55	1.83

四、水土资源配置及生产力的空间特征

图 3-3 是典型大型灌区水土资源匹配的基尼系数计算结果，洛伦兹曲线与45°线构成的面积 $A=0.1$，得出基尼系数 0.2，表明 20 个典型大型灌区作为整体其水土资源高度匹配，显著优于我国($G=0.57$)和全球($G=0.59$)范围内的

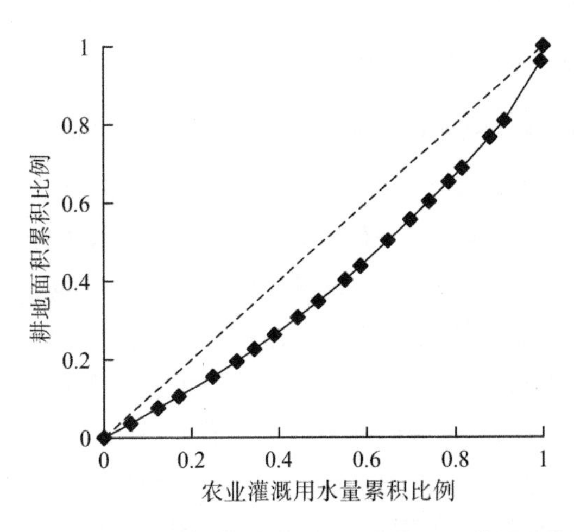

图 3-3　江苏典型大型灌区水土资源匹配基尼系数

水土资源匹配情况。同时可以看出，各大型灌区水土资源分布不均衡，其中宿迁市船行灌区 6.11%的农业灌溉用水量服务 3.58%的耕地资源，柴塘灌区 3.50%的农田灌溉水资源服务 3.51%的耕地资源，而运南灌区 8.31%的农田灌溉水资源服务了 15.20%的耕地资源。

典型大型灌区水土资源生产力的基尼系数计算结果见图 3-4，耕地生产力和农田灌溉水生产力的基尼系数均为 0.46，空间尺度上各大型灌区水土资源生产力差异显著。以宿迁市为例，船行灌区利用占为本研究选择的典型灌区总量 3.92%的耕地资源产出占总产量 4.00%的粮食，运南灌区利用占总量 5.10%的耕地资源产出 6.91%的粮食。同理，根据农田灌溉用水量生产力的基尼系数图可以发现，柴塘灌区利用 3.31%的灌溉用水量产出 3.74%的粮食，众程灌区利用 7.78%的灌溉用水量产出占总产量 8.91%的粮食。

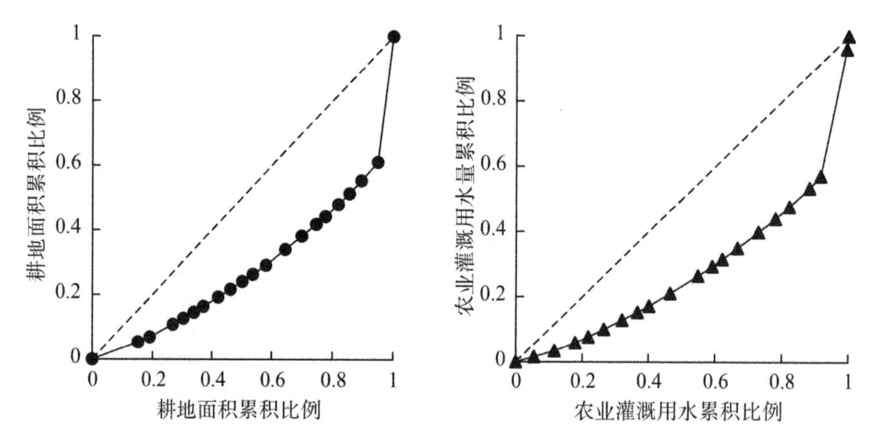

图 3-4　江苏典型大型灌区水土资源生产力基尼系数

江苏省大中型灌区是我国东部粮食重要产区，灌区经过 20 多年的节水改造建设，基础设施得到明显改善，特别是在丰水地区探索节水之路取得了显著成效；但由于区域气候、地力等条件的差异，灌区农业水土资源分配不均，影响了区域间的经济发展。本书希望在陈述各灌区水土资源匹配现状的基础上，通过计算生产力和空间匹配特征，结合其他学者对各灌区工程建设、运行管理等研究，为灌区水土资源的优化调控和管理、提高粮食生产力提供科学性建议。

各典型大型灌区水土资源匹配系数差异显著，其中高邮、沿运、涟西和周桥等灌区水土资源匹配程度较好，显著高于省水土资源平均配置系数。高邮灌区作为现代化灌区的典范，工程建设程度和管理调度水平均处于优秀水平，综合运用工程改造、调度运行、管理管护等措施，不断推进灌区现代化建设。沿运灌区在2015年后针对南水北调与灌区用水矛盾问题加快灌区工程加固改造，完善定额用水管理及灌区管理体制，从而提高现代化管理水平。尽管这些灌区水土资源配置优异，但其在水土资源生产力方面差异显著，总体上是高于省水土资源平均生产力，其中高邮灌区水土资源生产力显著高于其他灌区，这与各灌区的建设管理息息相关。反观宿迁市的周桥灌区，张建等(2018)认为，灌区农业面源污染严重，水生态建设滞后影响农作物和水生物生长，抑制了灌区水土资源生产力，因此灌区可以从加强面源污染治理力度方面入手，进而提高灌区生态化和现代化建设水平。清水坝灌区水土资源匹配系数显著低于其他灌区，但通过建设配套与节水改造工程，不断完善灌区经营管理体制，制定用水和配水计划，使灌区有限的水土资源充分发挥。堤东灌区地处沿海地区，沿海开发需要消耗大量淡水资源，同时堤东灌区可抽取的淡水资源总量被严格限定，盈余部分还需要供滩涂围垦开发所用，使灌区淡水供给矛盾更加突出。沭南灌区存在用水管理方式粗放、灌区配套设施不足、农业水资源利用率低、灌溉回归水影响下游河道水质等问题。

典型大型灌区水土资源匹配的基尼系数为0.26，作为一个整体水土资源是均衡的，优于同期全国和全球范围内的水土资源匹配格局，耕地生产力和农田灌溉水生产力的基尼系数都为0.46，空间尺度上灌区水土资源生产力差异显著。要持续加大灌区续建与节水改造力度，加大信息化、自动化的投入力度，降低管理成本；开展灌区灌溉配水方案研究，优化渠系配水方案；同时推进渠道的现代化改造，根据各地区情况制定相应的发展模式，不断落实“人水和谐”的治水理念，推动江苏大型灌区可持续发展。

第二节 灌区农业水土资源承载力健康度评价

一、灌区概况

灌区作为粮食和经济作物的主要产区，其水土资源的承载能力一直是灌区发展关注的热点。水土资源承载力主要通过地区可生产的最大粮食产量或可承载的最大人口数量来表征。综合以往研究发现，相关学者意识到水土资源承载力受诸多因素影响，开始考虑以经济、生态、社会等方面来构建水土资源系统承载力评价体系，同时不断创新评价方法和细化评价体系，从而适用不同区域水土资源承载力评价；另一方面，目前相关研究多集中于区县级、市级或省级尺度，缺少对灌区或粮食主产区特定区域的水土资源承载力研究。基于此，本节以江苏典型灌区为研究对象，计算了基尼系数和水土资源匹配系数，分析了水土资源空间匹配格局和匹配现状，并结合熵权法 TOPSIS 模型对灌区水土资源承载力系统健康度进行了评价，识别了灌区发展的障碍因子；基于系统耦合协调理论，分析了区域水土资源承载力系统的演化状态和内部要素关系。

以江苏省典型灌区为例开展本研究，研究区地势平坦，河湖众多，农用地占全省土地的 60%以上，多年平均降水量为 996 mm，年际、年内分配不均，水资源可利用量少，供需矛盾突出。本节选择石梁河灌区、来龙灌区、涟东灌区、渠南灌区、清水坝、高邮灌区和堤东灌区 7 个大型灌区为研究对象，其分布情况见图 3-5。本技术报告所用的耕地面积和农业用水量来自《江苏省 2020 年统计年鉴》和《江苏省 2019 年水资源公报》，其余数据来自 2019 年各典型灌区现代化水平评价基础信息调查统计。

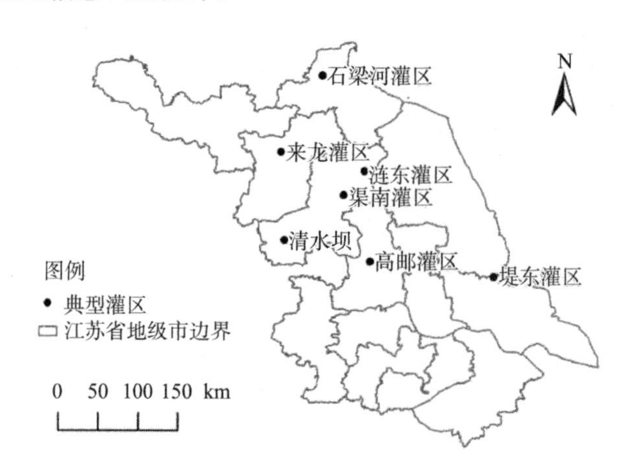

图 3-5 典型灌区位置

二、研究方法

(一) 基尼系数和水土资源匹配系数

以灌区第一产业用水量累计比例为横坐标，耕地面积累计比例为纵坐标，按照排序构建洛伦兹曲线，基于洛伦兹曲线与45°线构成面积的2倍计算基尼系数。基尼系数G的范围为[0,1]，当耕地资源和水资源空间分布越均衡，曲线与45°线越接近，表示整体区域的水土资源匹配水平越好，即G值越小。

水土资源匹配程度即匹配系数越高，越有利于农业生产。

$$R_i = \frac{W_i}{L_i} \tag{3-4}$$

式中：R_i——第i个灌区的水土资源匹配系数；

W_i——第i个灌区第一产业用水量，$10^4 \times m^3$；

L_i——第i个灌区耕地面积，hm^2。

（二）熵权法TOPSIS模型及障碍因子分析

水土资源承载力受经济、社会等不同系统中多因素影响，因此正确选取评价指标，构建科学评价体系是合理评价承载力水平的前提。本节选取水土资源、经济、生态和社会4项子系统，结合传统农业和灌区现代化建设特色构建24项代表性指标，采用熵权法TOPSIS模型对典型灌区农业水土资源承载力系统健康度进行评价，并明确其障碍因子。模型评价指标体系见图3-6。

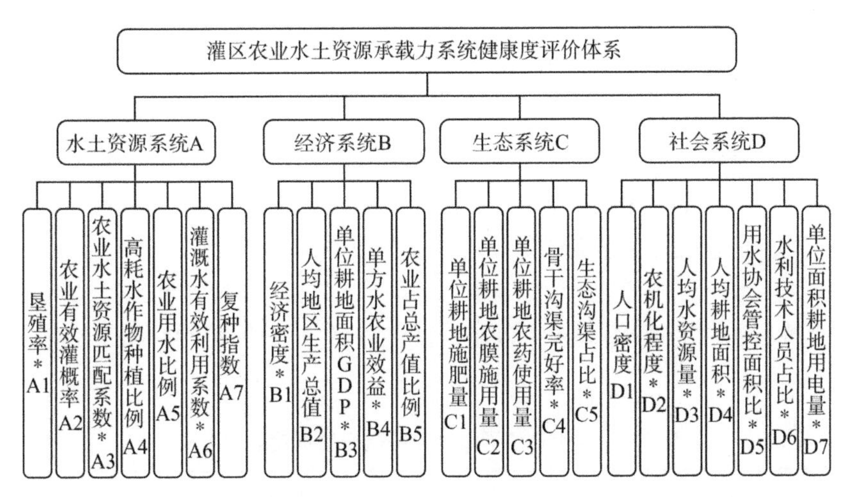

注：带＊表示正向指标（指标越大，水土资源承载力健康度越高），其他为负向指标（指标越大，承载力健康度越低）。

图3-6　灌区水土资源承载力系统健康度评价体系

（三）系统耦合协调模型

区域水土资源、经济、生态、社会是一个多层次复杂系统，水土资源的利用同区域经济的发展、社会的建设和生态的治理等多种因素相互联系、耦合协调，从而保证系统的关联和演化。因此，本节将基于系统耦合协调理论，构建典型灌区水土资源承载力系统耦合协调模型，分析各子系统之间耦合协调关系，为灌区水土资源可持续发展提供新思路。耦合协调度计算过程如下：

①计算各子系统贡献值

$$U_i = \sum w_j x'_{ij} (i = 1,2,3,4) \tag{3-5}$$

式中：U_1——水土资源子系统对总系统有序度的贡献值；

U_2——经济子系统对总系统有序度的贡献值；

U_3——生态子系统对总系统有序度的贡献值；

U_4——社会子系统对总系统有序度的贡献值。

②耦合协调指数

$$C = 4 \times \left(\frac{U_1 \cdot U_2 \cdot U_3 \cdot U_4}{(U_1 + U_2 + U_3 + U_4)^4} \right)^{\frac{1}{4}} \tag{3-6}$$

$$T = \sqrt{\alpha \cdot U_1 + \beta \cdot U_2 + \gamma \cdot U_3 + \delta \cdot U_4} \tag{3-7}$$

$$D = \sqrt{C \cdot T} \tag{3-8}$$

式中：C——系统耦合度；

D——系统耦合协调度；

T——子系统综合协调指数；

α、β、γ、δ——各子系统贡献系数，取$\alpha = 0.27$，$\beta = 0.19$，$\gamma = 0.21$，$\delta = 0.33$。

根据廖重斌的研究，对水土资源承载力系统耦合协调度进行类型划分（表3-2）。

表 3-2　水土资源承载力系统耦合协调度划分标准

协调度	协调发展程度	
[0.80—1.00]	高度协调	协调发展类
[0.50—0.79]	基本协调	
[0.20—0.49]	濒临失调	失调衰退类
[0.00—0.19]	失调衰退	

三、水土资源匹配现状分析

通过对灌区基尼系数的计算发现，洛伦兹曲线与45°线构成的面积 $A=0.13$，得出基尼系数0.26，灌区水土资源匹配情况整体较好（$0.20<G\leqslant0.30$），显著优于我国（$G=0.57$）和全球（$G=0.59$）范围内的水土资源匹配情况，表明选择的7个典型灌区作为一个整体，水土资源是均衡的。从图3-7看出，各灌区水土资源情况不同，例如高邮灌区25%的水资源服务10%的耕地资源，石梁河灌区15%的水资源服务了25%的耕地资源，而宿迁市来龙灌区10%的水资源服务10%的耕地资源，因此，本节将计算各灌区水土资源匹配系数，探究各灌区水土资源匹配状况。

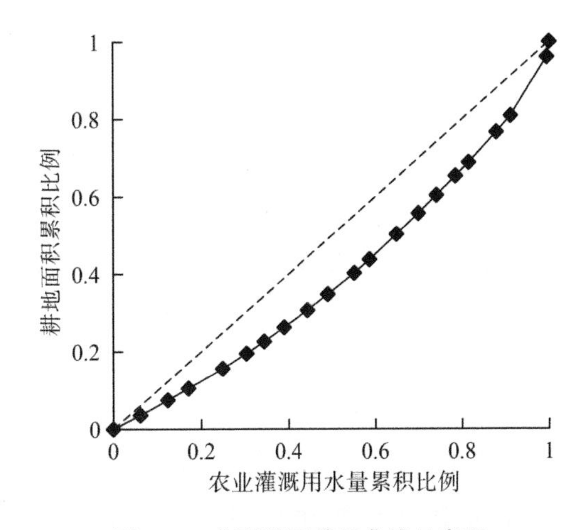

图3-7　典型灌区基尼曲线示意图

计算各灌区农业水土资源匹配系数与江苏省农业水土资源匹配平均系数（$0.65\times10^4\ m^3/hm^2$）的差值，结果见图3-8。选择的7个典型灌区水土资源匹配系数差异显著，涟东、渠南和高邮3个灌区的水资源能够较好地满足耕地资源开发的需求，其中高邮灌区水土资源匹配状况最优；清水坝、来龙灌区的水土资源匹配系数略低于省平均匹配系数，其中来龙灌区因尚未设立灌区统一管理机构，存在水费征收拖欠现象，水资源无法最大限度地利用。石梁河灌区和堤东灌区水土资源匹配系数显著低于全省水土资源匹配平均系数，其中石梁河灌区灌溉水量的调配缺少时效性和调度灵活性，使得供水效益低，水资源存在一定浪费，而堤东灌区地处沿海地区，沿海开发需要消耗大量淡水资源，同时堤东灌区可抽取的淡水资源总量被严格限定，盈余部分还需要供滩涂围垦开发所用，使灌区淡水供给矛盾更加突出。

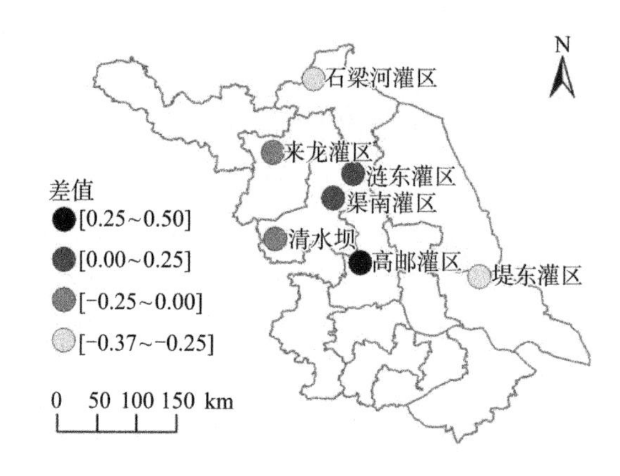

图 3-8 灌区水土资源匹配系数与全省平均值之间差值

四、水土资源承载力健康度评价及障碍度分析

选择的典型灌区水土资源承载力系统健康度由高到低分别为渠南(0.58)、高邮(0.52)、石梁河(0.50)、来龙(0.45)、涟东(0.44)、堤东(0.42)和清水坝灌区(0.39)，承载力健康度差异显著。渠南灌区和高邮灌区的农业水土资源承载力健康度最高，这与水土资源匹配系数结果吻合。究其原因，渠南灌区是我国首批节水改造建设的大型灌区之一，共实施10期节水改造与续建配套工程项目，其“两河三堆”的灌排布置形式，充分利用回归水灌溉，节约用水和提高用水效率。而高邮灌区作为现代化灌区的典范，工程建设程度和管理调度水平均处于优秀水平，综合运用工程改造、调度运行、管理管护等措施，不断推进灌区现代化建设。清水坝灌区水土资源承载力系统健康度显著低于其他灌区，原因之一是水费征收难度大，灌区经费不足，灌区工程的改造养护和其他项目的发展受到阻碍，无法保证灌区灌溉效益充分发挥。宿迁市来龙灌区水土资源承载力系统健康度在0.40～0.50区间，灌区承载力评价等级属于中低等水平，开发潜力有限。

灌区水土资源承载力子系统(水土资源、经济、生态和社会子系统)障碍度占比情况如图3-9所示，各子系统障碍度为组成该子系统的指标障碍度之和。各子系统对农业水土资源承载力健康度的影响作用在不同灌区间差异显著，但

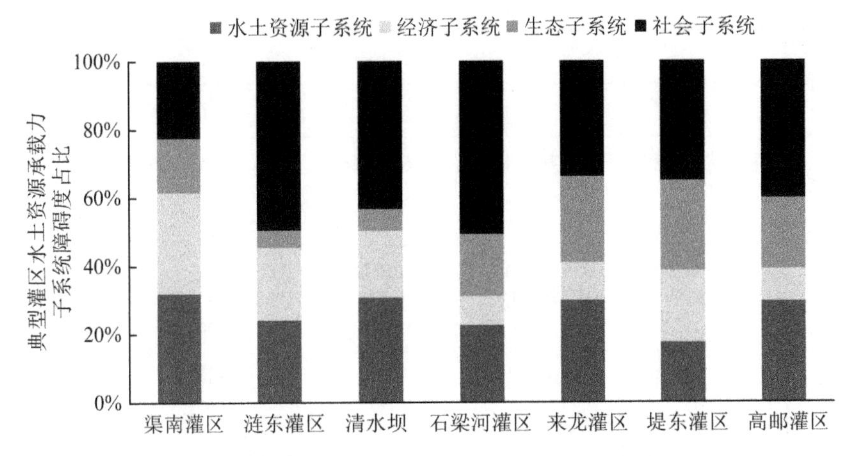

图 3-9　典型灌区农业水土资源承载力子系统障碍度占比

各灌区均表现为社会子系统所占比例大，其次是水土资源子系统，表明选择的典型灌区农业水土资源承载力系统建设方面，特别是在社会子系统建设方面具有较大提升空间，但同时需统筹兼顾提升每个子系统承载力。为进一步探究影响承载力系统健康度的具体因素，选取各灌区前 5 的障碍因子进行排序分析(表 3-3)，社会子系统中的指标要素，如农机化程度、人均耕地面积、人均水资源量、水利技术人员占比，以及生态子系统中的生态沟渠占比、骨干沟渠完好率，在不同灌区均占比较高；从各障碍度因子出现频次分析可以看出，社会子系统对灌区农业水土资源承载力系统健康度的影响尤为突出，灌区水土资源发展规划中应重视社会子系统的发展和完善。其中影响宿迁市来龙灌区发展前 5 名的障碍度因子为骨干沟渠完好率、人均耕地面积、人均水资源量、复种指数、人口密度，其水土资源承载力子系统障碍度占比分别为 11.25%、9.90%、9.16%、7.51%和 7.01%。

表 3-3　影响各灌区发展的前 5 名障碍度因子

典型灌区	指标排序				
	1	2	3	4	5
渠南灌区	生态沟渠占比 C5 (10.77%)	单方水 农业效益 B4 (10.71%)	单位面积耕地 用电量 D7 (9.87%)	农机化程度 D2 (9.48%)	复种指数 A7 (8.72%)

续表

典型灌区	指标排序				
	1	2	3	4	5
涟东灌区	人均耕地面积 D4 (9.31%)	水利技术 人员占比 D6 (8.78%)	农机化程度 D2 (8.75%)	人均水资源量 D3 (8.41%)	复种指数 A7 (8.01%)
清水坝灌区	人均水资源量 D3 (7.41%)	单位面积耕地 用电量 D7 (7.31%)	人均耕地面积 D4 (7.11%)	水利技术 人员占比 D6 (7.06%)	农机化程度 D2 (7.00%)
石梁河灌区	人均耕地面积 D4 (10.78%)	人均水资源量 D3 (10.32%)	人口密度 D1 (9.08%)	水利技术 人员占比 D6 (9.04%)	生态沟渠占比 C5 (8.23%)
来龙灌区	骨干沟渠 完好率 C4 (11.25%)	人均耕地面积 D4 (9.90%)	人均水资源量 D3 (9.16%)	复种指数 A7 (7.51%)	人口密度 D1 (7.01%)
堤东灌区	生态沟渠占比 C5 (10.60%)	农机化程度 D2 (8.18%)	人均耕地面积 D4 (8.13%)	农业占总产 值比例 B5 (7.81%)	单位耕地农膜 施用量 C2 (7.55%)
高邮灌区	骨干沟渠 完好率 C4 (12.79%)	人均耕地面积 D4 (12.36%)	人均水资源量 D3 (9.96%)	农业有效灌 溉率 A2 (8.25%)	人口密度 D1 (8.20%)

五、水土资源承载力系统耦合协调度分析

选择的典型灌区水土资源承载力系统耦合协调度位于0.50～0.60区间，各灌区之间差异不显著，均属于基本协调发展；水土资源承载力系统耦合协调度与健康度之间呈显著正相关关系，水土资源承载力系统耦合协调度越低，其承载力系统健康度水平越差典型灌区承载力系统耦合协调度和健康度对比如图3-10所示，各典型灌区在水土资源利用、经济发展、生态建设和社会发展之间还存在一定的耦合协调空间，各子系统之间存在明显不均衡现象，表明水土资源承载力系统健康度受各子系统、各因素共同作用，各子系统协调发展才能提高水土资源承载力，从而实现农业水土资源可持续发展。各灌区水土资源承载力系统属于基本协调发展类，灌区各子系统之间存在不均衡发展现象，耦合协调改善空间较大；灌区水土资源承载力系统的耦合协调与承载力呈正相关关系，各子系统的耦合协调性在一定程度上限制了灌区水土资源承载力系统的发展。

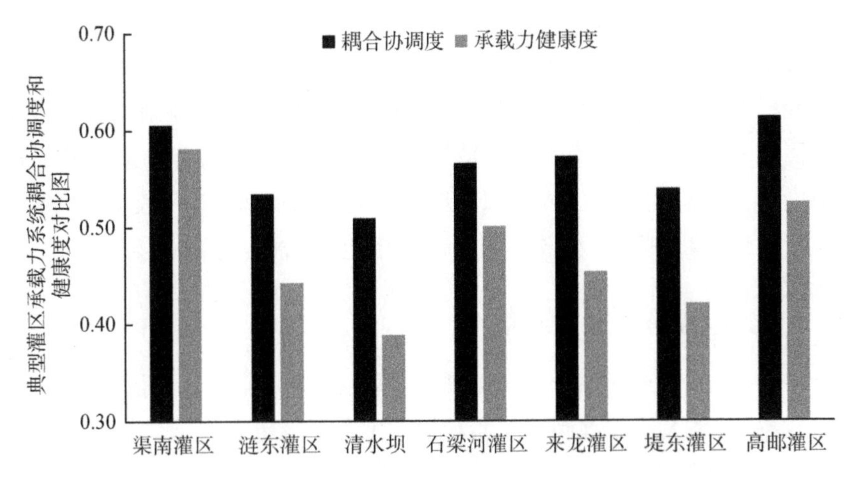

图 3-10　典型灌区承载力系统耦合协调度和健康度对比图

第三节　灌区水土资源优化配置

一、水土资源优化配置模型的建立

水土资源包括水资源和土地资源，是人类社会发展的基础性资源。水土资源之间相互协调，构成了自然界生物生存和能量交换的基础系统。水土资源的优化配置是指在一定的约束条件下，运用相关模型和算法，通过改变灌区用水结构和用地结构，实现区域协调发展的相关目标的过程。水土资源耦合系统是一个复杂的巨大系统，需要结合地理学、经济学、社会科学、生态学和管理科学等多门学科的相关理论与方法。灌区可供水资源量和灌区需水量受各种因素的影响，同一地区不同灌区的需水量也存在差异。随着社会经济的发展，社会和生态效益深入人心，水土资源配置目标也不再局限于经济目标的最优，而是逐步转化为经济、社会和生态的多目标最优问题。目前研究大都采用进化算法来进行多目标问题的求解，本节采用多目标遗传算法 NSGA - Ⅱ 的多目标模型对灌区水土资源进行优化配置。

(一) 决策变量

决策变量是指模型中需要求解的变量,通常用来表明规划中的用数量表示的方案和措施,决策变量可由决策者决定和控制。在水土资源优化配置中,决策变量需要同时反映出各类目标函数值的变化结果,并实现各约束变量所表达的约束内容。本研究以灌区内不同土地利用类型面积作为决策变量,土地利用类型包括耕地、园林草地、水域及水利设施用地、交通运输用地、城镇村及工矿用地和其他土地。

(二) 目标函数

近年来,灌区水土资源矛盾日益紧张,因此本节综合考虑了灌区经济、社会和生态效益,以最大单方水利用效益和最大生态绿当量来表示。

(1) 经济社会效益

考虑到水土资源优化配置的有效性,本节选取单方水利用效益最大作为经济社会效益目标。

$$F_1(x)=\max\frac{\sum_{i=1}^{n}a_i x_i}{\sum_{i=1}^{n}d_i x_i} \tag{3-9}$$

式中:x_i ——各类型用地面积(亩);

a_i ——各类型用地单位面积的国民生产总值(10^4 元/亩);

d_i ——不同土地利用类型单位面积需水量($10^4 m^3$/亩)。

(2) 生态效益

灌区生态效益的量化表达有多种方式:①采用生态环境用户供水保证率量化(张伟等,2008);②采用用户排水中化学需氧量 COD 的含量量化(赵燕,2019);③采用地下水供水总量最小量化(王志新,2016);④采用绿当量值量化(齐冉,2018);⑤采用灌区生态需水量满足程度最大量化(王安迪等,2019);⑥采用生态系统服务价值量化(郭艳,2016)。本节旨在寻找不同水土资源配置与生态环境效益的直接关系,考虑到灌区实际情况,选择不同土地利用类型绿当量值来量化生态效益。

生态绿当量基于衡量生态补偿能力提出,生态补偿指自然生态系统对在社会、经济活动造成的生态环境破坏时的缓冲和补偿作用(韩沐汶等,2014)。生态绿当量的大小通常根据各土地利用类型对生态系统的服务价值来衡量,被誉为“地球之肺”的森林,对大气、土壤、水、空间和生物等都具有重要的调节功能,在衡量不同土地类型的绿当量大小时,常以森林生态服务功能为基准,评价其他土地利用类型的生态服务价值。考虑到不同生态服务价值的量化问题，本节将森林生态绿当量值设为1，交通运输用地和其他土地生态绿当量值设为0，在通过不同土地利用类型和森林生态服务价值的比分来测算其他土地类型的绿当量值。

以灌区总生态绿当量作为最大流域生态效益目标：

$$F_2(x)=\max\sum_{i=1}^{n}c_ix_i \tag{3-10}$$

式中：x_i ——各类型用地面积(亩)；

c_i ——各类型用地单位面积绿当量值。

(三) 约束条件

(1) 水资源约束：灌区不同土地利用类型需水总和不超过可利用量。

$$\sum_{i=1}^{n}d_ix_i\leqslant W \tag{3-11}$$

式中：x_i ——规划后各类型用地面积(亩)；

W ——流域水资源可供给量($10^4\mathrm{m}^3$)；

d_i ——不同土地利用类型单位面积需水量($10^4\mathrm{m}^3$/亩)。

(2) 土地总面积约束：研究区各用地类型之和不超过土地资源总量。

$$\sum_{i=1}^{n}x_i\leqslant T \tag{3-12}$$

式中：x_i ——规划后各类型用地面积(亩)；

T——灌区总面积(亩)。

(3) 耕地约束：土地利用规划应保证不越过“耕地红线”。

$$x_1\geqslant CL_{\min} \tag{3-13}$$

式中：x_1——规划后耕地面积(亩)；

$CL_{\min}$ ——灌区“耕地红线”。

(4) 交通运输用地约束：为了保障农业机械化发展，灌区的交通运输用地不会降低。

$$x_2\geqslant BL_{\mathrm{now}} \tag{3-14}$$

式中：x_4——交通运输用地(亩)；

BL_{now}——灌区当前交通运输用地面积(亩)。

(5) 城镇村及工矿用地约束:随着灌区经济和人口的增长,灌区各行政区城镇村及工矿用地一定会出现增长。

$$x_3 \geqslant FL_{now} \tag{3-15}$$

式中:x_5——城镇村及工矿用地(亩);

FL_{now}——灌区当前城镇村及工矿用地面积(亩)。

(6) 非负约束:各个变量都应该是正值,以保证其有效性。

二、种植结构空间优化模型构建

种植结构优化是实现区域水资源与土地资源优化配置的基础,对于水资源短缺、种植结构不合理的地区尤为重要。通过对水资源、土地资源的合理配置,实现生产效益、环境效益和经济效益的最大化。与灌区整体水土资源配置相似,种植结构空间优化问题是一个多目标问题。本节以灌区的作物种植面积为决策变量,以灌区种植效益和转换成本为目标函数,以农业水资源可利用总量、粮食产量、各类作物种植面积阈值等为约束条件建立种植结构的空间优化模型。

(一) 目标函数

(1) 灌区种植效益最大

$$G_{max} = \sum_{i=1}^{n} 0.25 \times y_i \times t_i \times g_i \tag{3-16}$$

式中:G_{max}——灌区种植效益(元);

y_i——不同作物的种植面积(亩);

t_i ,g_i——分别为 i 类作物单产和 i 类作物的单位效益。

(2) 种植结构转换成本最低

转换成本是指调整耕地利用结构,以达到下一代耕地类型所需要付出的代价。转换成本的大小取决于气候,土壤质地,农民意愿等多个因素。转换成本越小,表明规划相对更加容易实施。本研究设置 10 个等级来表示不同耕地类型之间转化的难易度,并根据经验和专家咨询结果,确定各类型间的转换难易程度,以此计算整个规划过程的转换成本,见式 3-17。

$$A_{\min}=\sum_{i=1}^{n}y'_i\times A_{mn} \tag{3-17}$$

式中：A_{mn}——表示 i 类作物转换时的成本，采用固定的数值表示；

y'_i——不同作物类型转换的面积（亩）。

（二）约束条件

（1）总作物灌溉需水量小于流域农业用水可供水量

$$\sum_{i=1}^{n}y_i\times m_i\leqslant W_{耕地} \tag{3-18}$$

式中：$W_{耕地}$——农业水资源配水量（m^3）；

y_i——不同作物种植面积（亩）；

m_i——i 类作物的灌水定额（m^3/亩）。

（2）粮食产量约束

考虑到灌区是粮食的主要产区，因此灌区在种植结构优化下粮食产量应有一定的提升，本节设置灌区粮食产量不降低为约束条件。

$$\sum_{i=1}^{n}y_i\times P_i\geqslant Y_{now} \tag{3-19}$$

式中：y_i——不同作物种植面积（亩）；

P_i——i 类作物的产量（吨/亩）；

Y_{now}——灌区当前粮食产量（吨）。

（3）水田面积约束

考虑到水田在灌区中的重要性，在种植结构优化下，应尽可能保证水田面积。因此，本节设置水田面积不减少作为约束条件。

（4）各类作物面积约束

考虑到灌区作物种植的丰富程度，将各类作物优化后的面积上限设置为当前值的 110%，下限设置为 80%。

三、多目标模型的建立

（一）遗传算法（GA）

遗传算法是模拟生物界的遗传和进化过程而建立起来的一种并行随机优化算法，其对目标函数、设计变量及可行域没有特殊要求，适用于传统搜索方法解决不了的复杂和非线性问题。遗传算法需要针对具体问题，寻找合适的适应度函数，确定设计变量的编码方式，并设计相应的选择、交叉、变异等遗传因子。遗传算法的优化流程如下：

(1) 变量编码。考虑到计算机计算的方便性，每个变量在其域值内生成一个随机二进制数构成一个染色体，多个带有染色体的个体组合为一个种群。

(2) 产生初始种群。随机产生 N 个个体形成的初始种群，由这 N 个初始种群开始进行进化计算。

(3) 计算适应度及评价。得到每个解的适应值。

(4) 选择操作。完成适应度计算后，采用合适的选择方法从初始种群选择部分个体生存并保留到下一代，适应度越大被选择的概率越高。

(5) 交叉操作。按交叉概率 P_c 选择 $P_cN/2$ 个个体作为父辈，随机交换某一位置的变量，产生新的个体。

(6) 变异操作。按变异概率 P_m 选择 P_mN 个个体，重新生成某一位置的变量，产生新的个体。

(二) 多目标遗传算法(NSGA－Ⅱ)

多目标遗传算法 NSGA－Ⅱ是基于遗传算法提出的，遗传算法通常用于单目标优化问题，而 NSGA－Ⅱ所做的是把排序的依据改变，即“如何评价一个解的优劣”。在传统遗传算法中，使用的是适应度函数值，这是因为传统遗传算法多用在单目标优化问题中，能够使用这一个指标来判断。

但是对于一个多目标优化问题来说，它的最优解不再是一个值，而是在多维空间中的一个 pareto 前沿：一个最优解的集合。因此对于迭代过程中未达到 pareto 前沿的解来说，评价其优劣应当从两个方面来入手：(1)收敛性：解靠近 pareto 前沿的程度(或速度)；(2)分布性：当前解集是否尽可能地覆盖到了 pareto 前沿。因此，NSGA－Ⅱ的作者提出了评价当前解集合优劣的两个指标：非支配排序和拥挤度距离排序。非支配排序算法思想是以支配关系作为一个指标来衡量这个解的优劣程度，因此利用个体间的支配关系，将现有种群进行分层。最靠近 pareto 前沿的解等级最高，为第一层，然后依次判断每个个体处在第几层中，给每个个体的等级赋值。拥挤度距离排序的算法思想是保留解的分布的稀疏程度，即尽可能让解分散。

非支配集构造：设 p 和 q 是进化群体 P 中任意两个不同的个体，如果(1)对于所有的子目标，p 不比 q 差；(2)至少存在一个子目标，使得 p 比 q 好，则称 p 支配 q，p 为非支配的，q 为被支配的，可表示为 $p > q$。

种群保留机制：早期的 NSGA 采用共享函数的方法保持种群的多样性。共享函数是根据某个体周围的拥挤程度来确定其个体适应值降低的方式。共享参数的方法存在两个缺陷：

(1) 共享函数的方法在维持种群的分布性方法主要依赖于共享参数的值；

(2) 种群中每一个个体需要和所有其他个体相比较，计算时间较长。

而随后发展起来的 NSGA－Ⅱ方法，利用种群比较取代了共享函数的方法从某种程度消除了以上的缺陷。这种方法不需要任何预先定义的参数来维持种群的多样性，同时具有更好的计算复杂性。该方法主要采用了密度估计，即：在产生新种群时，通常将优秀的同时聚集密度比较小的个体保留并参与下一代进化。聚集密度小的个体其聚集距离反而大，一个个体的聚集距离可以通过计算与其相邻的两个个体在每个子目标的距离差之和来求取，如图 3-11 所示。设有两个子目标 f_1 和 f_2，个体 i 的集聚距离是图中虚线矩形长和宽之和。设 $I[i]_{distance}$ 为个体 i 的集聚距离，$I[i].f_m$ 为个体 i 在第 m 个子目标 f_m 上的函数值，则图 3-11 的集聚距离为：

$$I[i]_{distance}=(I[i+1].f_1-I[i-1].f_1)+(I[i+1].f_2-I[i-1].f_2) \tag{3-20}$$

当有 r 个子目标时，个体 i 的集聚距离为：

$$I[i]_{distance}=\sum_{k=1}^{r}(I[i+1].f_k-I[i-1].f_k) \tag{3-21}$$

为处理数据方便，对集聚距离进行标准化，即为：

$$I[i]_{distance}=(\sum_{k=1}^{r}(I[i+1].f_k-I[i-1].f_k))/(f_k^{max}-f_k^{min}) \tag{3-22}$$

式中：f_k^{max} 和 f_k^{min} 分别表示个体在第 k 个子目标函数 f_k 上的最大值和最小值。

根据两个评价指标，可以确定已有种群的排序选择流程，即二元锦标赛选择策略：

(1) 给定种群中的两个个体，首先比较其等级，等级越小，说明其越靠近 pareto 前沿，故选择等级值小的。

(2) 若两个个体的等级值相同，比较其所处位置的聚集密度，聚集密度越小，表明个体所处的位置更为稀疏，更能表现出种群的多样性，故选择聚集密度更小的个体。

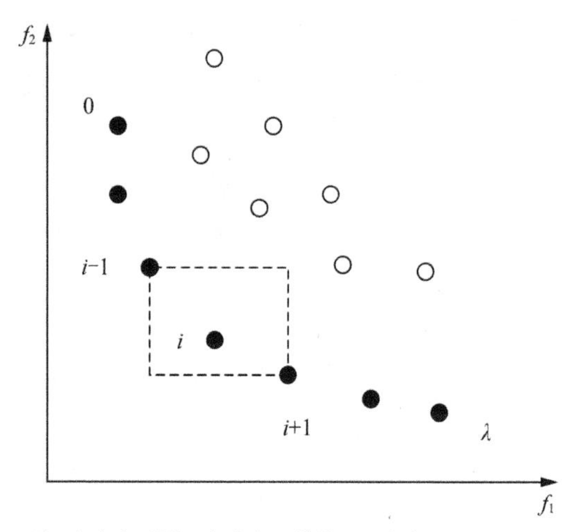

注:实点表示同一个非支配前沿面上的点。

图 3-11　个体之间的集聚距离

采用二元锦标赛方法获胜的个体作为父本 1,同样操作得到父本 2。为避免遗传算法的早熟现象,增加判断确保父本 1 和父本 2 不相同。接着对得到的两个父本进行交叉,产生两个子代,本研究选择的交叉算子是“模拟二进制交叉(SBX)”。对于得到的两个子代,其中一个进行变异操作,另一个维持不变,本研究选择的变异算子是“多项式变异”:

$$z_j = z_j + \Delta_j \tag{3-23}$$

$$\Delta_j = \begin{cases} (2\mu_i)^{\frac{1}{\eta+1}} & \mu_i < 0.5 \\ 1 - [2(1-\mu_i)]^{\frac{1}{\eta+1}} & \mu_i \geqslant 0.5 \end{cases} \tag{3-24}$$

式中:μ_i ——是满足(0,1)均匀分布的随机数;

η ——是变异分布参数。

在传统的遗传算法中,在某一次迭代中,只有该次迭代的附带参与选择交叉变异,从而产生子代,作为下一次迭代的父代。在 NSGA -Ⅱ中,为了保证最优解的不丢失,提高算法的收敛程度,提出了“精英选择策略”,即将父代 P_t 和子代 Q_t 种群,合并为一个种群 R_t ,对其整体进行非支配排序和拥挤度距离计算,根据上述方法进行排序和选择作为下一代的父代 P_{t+1}。父代再通过一般的方法进行选择交叉排序产生子代 Q_{t+1}。通过非支配集排序可能产生多个边界集,但被选入新群体的只有一小部分,如图 3-12 所示,边界集 F_1 和边界集 F_2 中所有个体都被选入了新的群体 P_{t+1},但边界集 F_3 中只有一部分个体被选入新群体 P_{t+1} 中。

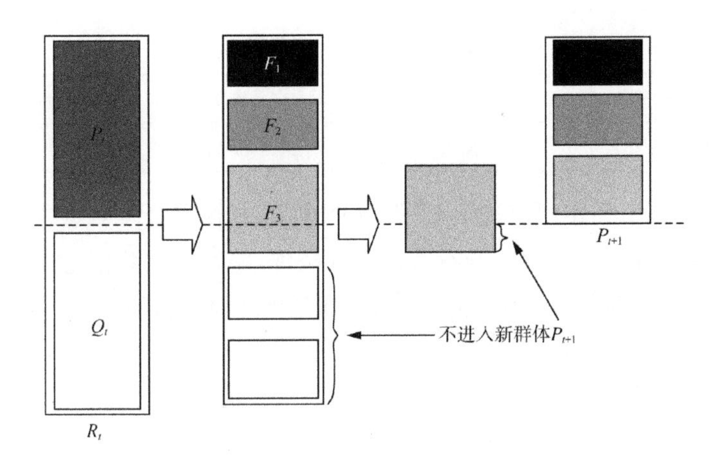

图 3-12 NSGA-Ⅱ新种群构成

综上，本研究采用 Python 软件编译 NSGA-Ⅱ算法，其算法的主要流程图见图 3-13。多目标遗传算法参数设定见表 3-4。

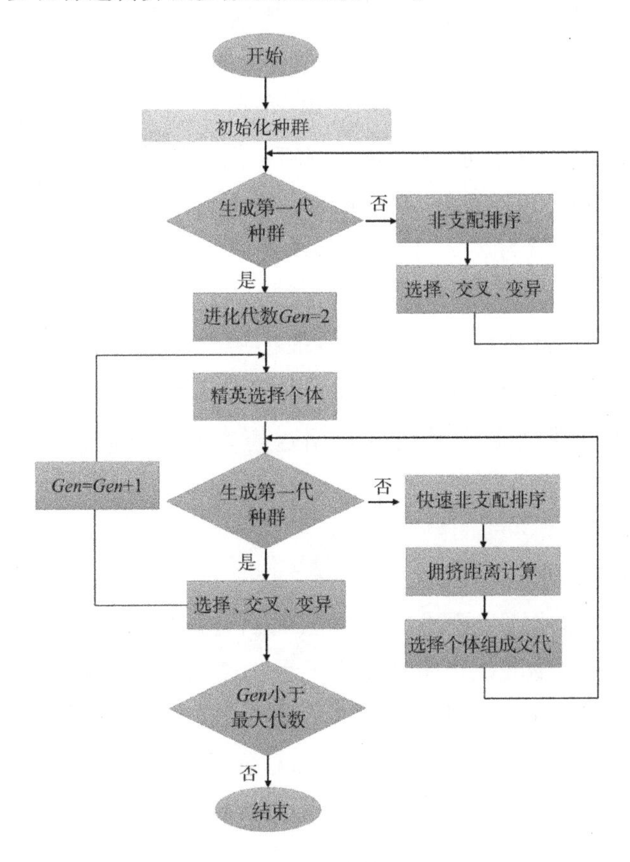

图 3-13 NSGA-Ⅱ算法流程图

表 3-4 NSGA-Ⅱ参数

种群数量	遗传次数	交叉概率	变异概率
200	200	0.9	0.2

约束条件处理:本研究选用PYTHON算法中NUMPY函数中HSTACK函数对约束条件进行处理。若不满足约束条件,将目标函数标记为不合法,输出结果时将不合法的目标函数值舍去,从而达到约束的目的。

四、实例分析

以来龙灌区为例开展水土资源优化配置。

(一) 水土资源现状

(1) 水资源概况

通过降水量分析,灌区1956—2018年序列多年平均面雨量为841.7 mm,1956—2000年序列多年平均面雨量为826.5 mm,1980—2018年序列多年平均面雨量为848.9 mm。1980—2018年序列灌区多年平均地表水资源量为1.46亿m^3,最大年地表水资源量为7.74亿m^3,最小年地表水资源量为0.96亿m^3;1980—2018年序列宿豫区多年平均地下水资源量为1.58 m^3,最大年地下水资源量为2.70亿m^3,最小年地下水资源量为1.07亿m^3,未有地下水超采区。1980—2018年序列灌区多年平均水资源总量为2.89亿m^3,最大年水资源总量为9.56亿m^3,最小年水资源总量为0.11亿m^3,变差系数C_v值为0.67,由此可见,灌区水资源总量年际变化较大,年际间丰枯变化中等偏上。灌区多年平均可利用过境水量5.14亿m^3,过境水资源丰富。

(2) 供水现状

①地表水源供水

农业灌溉用水水源主要通过嶂山电灌站、井头翻水站、何塘电灌站及仰化涵洞4座渠首建筑物翻(引)骆马湖或中运河过境水进行灌溉,其中嶂山电灌站设计流量15.5 m^3/s,井头翻水站设计流量80 m^3/s,何塘电灌站设计流量7.1 m^3/s,仰化涵洞取水流量6.4 m^3/s ,总翻(引)水能力达109 m^3/s。受到取水许可和渠首提引水能力的限制,规划年灌溉保证率$P=85\%$的灌区过境水可利用量达2.7亿m^3。

水源骆马湖位于宿豫区、新沂市的交界处，是沂泗流域的主要湖泊之一，也是宿迁市重要的水源地。骆马湖蓄水面积达 375 km^2，主要拦蓄沂河洪水，承泄上中游 5.1 万 km^2 的汇水。其死水位 20.5 m，正常蓄水位 23.0 m，设计洪水位达 25.0 m。骆马湖水质可常年稳定在Ⅱ～Ⅲ类水质标准。

水源中运河自西北向东南横贯全境，宿迁市境内河道长 61.65 km，集水面积约 126.63 km^2，境内河底宽度 80～100 m，宽 220～360 m，水量充沛，是来龙灌区农业生产、生活的主要水源地，其水质基本可稳定在Ⅲ类以上。

②地下水供水

逐步减少地下水开采量，合理开采浅层地下水。地下水开采总量控制在 300 万 m^3 以内，作为应急水源和战备水源，不计入常规水源供水。

③其他水源供水

灌区地处淮北平原，雨水充沛，有丰富的降雨资源，可通过河网闸坝拦蓄地表径流，充分利用本地丰富的降雨资源，规划年 $P=85\%$的灌区地表水可利用量为 4 922 万 m^3。同时工业产生的污水也可加以处理回归利用，经测算规划年 $P=85\%$的回归水可利用量达 2 485 万 m^3。

(3) 供水量

经测算灌区总供水量为 27 609.1 万 m^3。其中地表水源供水量 26 740.39 万 m^3，占总供水量的 96.85%；地下水（主要为深层承压水）水源供水量 335 万 m^3，占总供水量的 1.17%，其他非常规水资源供水实际主要为再生水及雨水利用量，为 545.62 万 m^3，占总供水量的 1.98% 。灌区各类水源供水量见表 3-5。

表 3-5　2018 年来龙灌区供水量组成

地表水源供水量(万 m^3)			地下水源供水(万 m^3)	其他水源供水量(万 m^3)		总供水量(万 m^3)
蓄水	引水	提水	深层承压水	污水处理回用	雨水利用	
488.39	18 929	7 323	323	184.62	361	27 609.01

(4) 现状用水量

①农业用水量

灌区现状有效灌溉面积 47.9 万亩，以种植水稻、小麦为主，其他作物包括蔬菜、玉米、棉花、豆类等。根据灌区基础水利设施供水量，现状亩均灌溉用水量为 473 m^3/亩，灌溉亩均用水量较大，主要原因是部分区域灌溉方式仍采用传统的漫灌方式，田间用水管理不到位，用水计划制订不精准，用水调度没有完全依据用水计划实施等。来龙灌区农业用水量见表 3-6。

表 3-6　来龙灌区农业用水量

农田灌溉用水量(万 m^3)				林牧渔畜用水量(万 m^3)				
水田	水浇地	菜田	小计	林果灌溉	草场灌溉	鱼塘补水	牲畜用水	小计
20 639.5	385.0	100.1	21 124.6	12.2	11.0	658.9	8.2	690.3

②其他用水量

其他用水量包括灌区工业用水、生活用水、生态用水等。灌区现状工业总产值为 167.86 亿元，现状工业用水 2 189.8 万 m^3，城镇公共用水量 100.7 万 m^3。灌区总人口 65.87 万人(包含户籍人口 49.72 万、流动人口 16.15 万)，灌区居民生活用水量 2 531.1 万 m^3，灌区生态用水量约 987.7 万 m^3，合计非农业用水量 5 809.3 万 m^3。

③灌区用水总量

全区总用水量指标为 3.18 亿 m^3，全区实际总用水量 2.761 亿 m^3，其中，灌区现有效灌溉面积达 47.9 万亩，农田灌溉用水 2.18 亿 m^3，占全区总用水量的 79%；工业用水 0.219 亿 m^3，占总用水量的 7. 9%；城镇公共及生活用水 0.263 亿 m^3，占全区总用水量的 9.5%；生态环境用水 0.098 亿 m^3，占总用水量的 3.6%；从目前现状来看，农业用水仍为用水主要用途。

灌区万元 GDP 用水量为 91.17 m^3/万元，万元工业增加值用水量为 15.43 m^3 万元，灌区灌溉水利用系数为 0.572，低于江苏省和全国平均水平。从用水效率来看，灌区现状用水水平接近江苏省平均水平，但与国内先进水平及发达国家还有一定差距，仍需要进一步采取高效用水、合理节水的措施。

(5) 土地资源利用现状

灌区土地总面积 109.97 万亩，耕地面积 58.99 万亩，灌区设计灌溉面积 52.5 万亩，目前有效灌溉面积 47.9 万亩；园地、林地、草地面积 9.19 万亩；交通运输用地 6.19 万亩；水域及水利设施用地 14.76 万亩；城镇村及工矿用地 15.43 万亩；其他面积 1.35 万亩，详见表 3-7。从灌区农业生产现状来看，灌区内以种植水稻、小麦为主，其他作物包括蔬菜、玉米、棉花、豆类等，详见表 3-8。

表 3-7　来龙灌区土地利用现状结构表

一级类	二级地类	面积(万亩)	百分比
耕地(01)	水田(011)	43.90	39.92%
	水浇地(012)	7.82	7.11%
	旱地(013)	7.27	6.61%
	小计	58.99	53.64%
园地(02)	果园(021)	0.15	0.14%
	其他园地(023)	8.09	7.36%
	小计	8.24	7.49%
林地(03)	有林地(031)	0.88	0.80%
	其他林地(033)	0.07	0.06%
	小计	0.95	0.86%
草地(04)	其他草地(043)	0.01	0.01%
	小计	0.01	0.01%
交通运输用地(10)	公路用地(102)	1.37	1.25%
	农村道路(104)	4.81	4.37%
	港口码头用地(106)	0.01	0.01%
	小计	6.19	5.63%
水域及水利设施地(11)	河流水面(111)	2.56	2.33%
	坑塘水面(114)	3.75	3.41%
	内陆滩涂(116)	0.14	0.13%
	沟渠(117)	7.41	6.74%
	水工建筑用地(118)	0.90	0.82%
	小计	14.76	13.42%
其他土地(12)	设施农用地(122)	1.14	1.28%
	田坎(123)	0.21	0.19%
	城市(201)	3.78	3.44%
	小计	5.40	4.91%
城镇村及工矿用地(20)	建制镇(202)	3.14	2.86%
	村庄(203)	12.03	10.94%
	采矿用地(204)	0.09	0.08%
	风景名胜及特殊用地(205)	0.17	0.15%
	小计	15.43	14.03%
合计		109.97	100%

表 3-8 2018 年灌区主要农作物种植面积比例

作物	面积(万亩)	种植比例
水稻	43.90	41.36%
小麦	37.00	34.86%
玉米	1.14	1.07%
蔬菜	18.72	17.64%
油菜	0.50	0.47%
其他	4.89	4.61%
小计	106.15	100%

(二)水土资源优化配置

(1)目标函数计算

①单位面积 GDP

根据来龙灌区各产业总值与各土地利用面积得到来龙灌区不同用地类型单位面积 GDP,如表 3-9 所示。

表 3-9 不同土地利用类型单位面积 GDP (10^4 元/万亩)

耕地	园林草地	水域及水利设施用地	城镇村及工矿用地
4 325	6 254	2 634	24 862

②不同土地利用类型单位面积需水量计算

a. 单位面积耕地需水量计算

结合 2019 年《江苏省农业灌溉用水定额》,计算江苏省灌区 75%灌溉保证率下主要作物灌溉定额,并根据设计水平年灌区作物种植计划及各作物灌溉定额,主要作物灌溉定额见表 3-10。

表 3-10 75%灌溉保证率下作物灌溉定额表(m^3/亩)

水稻	小麦	玉米	蔬菜	油菜
583	75	72	132	84.2

b. 单位面积林牧渔用水量

以 2018 年用水现状为基础,计算单位面积林牧渔用水量,见表 3-11。

表 3-11 单位面积林牧渔畜用水量(m^3/亩)

园林草地灌溉	鱼塘水域补水
2.52	44.64

c. 单位面积城镇村及工矿用地需水量计算

城镇村及工矿用地需水量主要包括居民生活用水和工业用水。生活需水量参照《江苏省城市生活与公共用水定额(2012 年修订)》中的居民生活用水定额,结合灌区近年来实际水资源及生活用水情况,人均不同生活水平生活用水指标参照表 3-12,计算得到单位面积生活需水量为 29.67 m^3/亩。

表 3-12 人均综合生活用水量指标[m^3/(人·天)]

名称	市区	镇区	农村
城区	0.13	—	0.08
乡镇	—	0.08	0.06

工业用水量不仅与社会经济发展水平有关,而且与产业结构、工艺技术水平、水资源状况、用水管理、节水水平等有很大关系。以 2018 年工业增加值以及万元增加值用水量为基础,计算得到单位面积工业用水量为 19.93 m^3/亩。综上,单位面积城镇村及工矿用地需水量为 49.61 m^3/亩。

③不同土地利用类型生态绿当量计算

为评价灌区不同土地利用类型的生态绿当量,采用专家打分的方式对灌区各土地利用类型的生态服务功能进行打分,见表 3-13。

计算得到耕地、园林草地和水域及水利设施用地的生态功能总分值分别为 129.0、154.4 和 140.2,交通运输用地、城镇村及工矿用地以及其他土地生态服务功能分值为 0。将耕地分值设为 1,对其他类型分值做归一化处理,可得到灌区不同土地利用类型的单位面积生态绿当量见表 3-14。

表 3-13 不同土地类型生态服务功能打分表

	生态功能	耕地	园林草地	水域及水利设施用地
大气	大气组成改善-1	5.2	8.4	7.2
	大气组成改善-2	5.4	7.6	7.1
	大气净化-1	5.7	8.2	7.3
	大气净化-2	5.5	7.7	7.4
	气候缓和	5.2	8.2	9.2
	防噪声	3.8	6.8	5.1

续表

	生态功能	耕地	园林草地	水域及水利设施用地
水	洪水防止	6.9	8.4	10.0
	水源涵养	7.3	8.6	10.0
	水质净化	5.5	8.4	9.9
土壤	防止土砂崩溃	7.9	8.9	9.5
	防止表面侵蚀	8.2	9.1	8.5
	防止地面下沉	7.9	7.0	8.1
	污染物净化	7.4	8.8	9.9
	防止发生灾害	7.1	8.5	10.0
空间	提供避难地	7.1	7.8	5.0
	维持景观	8.2	8.7	9.9
	维持娱乐空间	4.5	8.5	9.2
生物	生物多样性保护	5.9	8.7	9.6
	防止有害动植物	5.8	6.1	8.9

注：10 为极大；7.5 为较大；5 为极小；大气成分改善-1 表示吸收 CO_2 的生态服务功能；大气成分改善-2 表示制造 O_2 的生态服务功能；大气净化-1 表示吸尘滞尘的生态服务功能；大气净化-2 表示吸附有毒气体的生态服务功能。

表 3-14　不同土地利用类型单位面积生态绿当量

土地利用类型	耕地	园林草地	水域及水利设施用地	城镇村及工矿用地
单位面积生态绿当量	1	1.28	1.34	0

（2）现状配置结果分析

依据构建的 NSGA－Ⅱ模型，对来龙灌区水土资源开展优化配置。来龙灌区水土资源 Pareto 解集分布如图 3-14，由图 3-14 可知，NSGA－Ⅱ模型得到水土资源优化配置方案共有 8 个，来龙灌区可根据未来发展需求选择最优方案。本节为分析水土资源优化后灌区经济、社会和生态效益的变化，选择了最大单方水利用效益最大（方案 1）、生态绿当量最大（方案 2）和耕地增加率最大（方案 3）3 个方案与来龙灌区现状水土资源配置方案进行对比。

3 个方案与现状水土资源配置对比图如图 3-15 所示。在方案 1 中，园林草地和水域及水利设施用地面积降低了 7.51%和 2.51%，耕地和城镇村及工矿用地面积增加了 0.16%和 18.17%。在方案 2 和方案 3 中，耕地、园林草地、

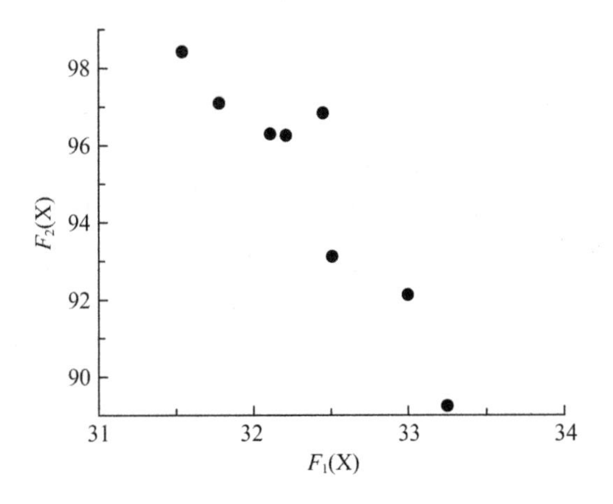

图 3-14　Pareto 解集

水域及水利设施用地和城镇村及工矿用地都有一定的增加。其中当生态绿当量最大时，园林草地和水域及水利设施用地面积分别增加了 11.32%和 19.71%。当耕地面积增加最大时，耕地面积增加了 1.34%。由此可知，来龙灌区水土资源优化配置主要是将利用其他土地，根据不同目标转变为对应的土地利用类型，而当灌区以单方水利用效益最大时，还会通过减少园林草地和水域及水利设施用地以满足灌区经济发展需要。

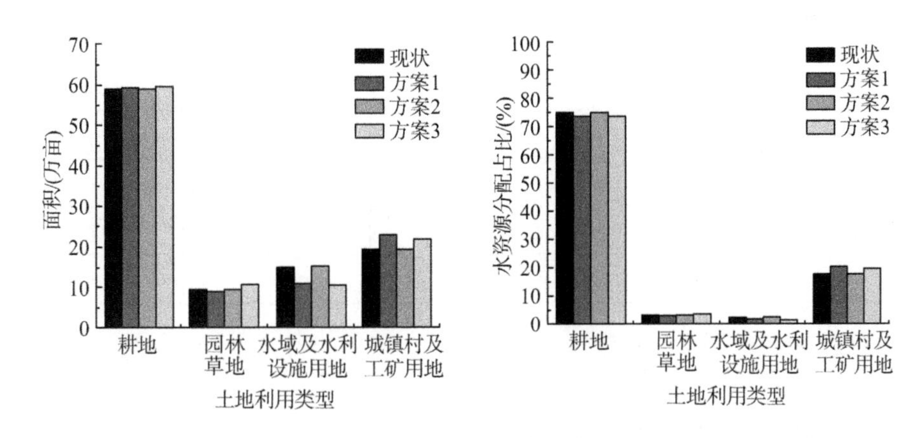

图 3-15　来龙灌区水土资源优化配置

从 3 个方案水资源分配占比来看，3 个方案的耕地水资源分配占比分别降低了 2.17%、0.74%和 1.60%。在方案 1，更多的土地资源分配至城镇村及工矿用地，其水资源分配占比达到 20.75%，较现状提高了 2.64%；方案

2 为保证生态效益，园林草地和水域及水利设施用地水资源分配占比分别提高了 0.31%和 0.44%；而在方案 3 中，尽管其耕地增加面积最大，但是由于经济效益和生态效益的制约，耕地水资源分配占比仍呈现降低趋势，更多的水资源分配至园林草地和城镇村及工矿用地。因此，来龙灌区水土资源优化配置后，耕地的水资源占比都会降低，更多的水资源分配至城镇村及工矿用地以满足经济发展或分配至园林草地和水域及水利设施用地以满足灌区生态建设要求。

3 个方案和现状配置的经济效益 GDP、单方水利用效益、生态绿当量、需水量如表 3-15 所示。方案 1、方案 2 和方案 3 的经济效益分别达到了 91.09 亿元、85.17 亿元和 89.24 亿元，较 2018 年，现状 82.91 亿元分别提高了 8.18 亿元、2.26 亿元和 6.33 亿元。同时 3 个方案的单方水利用效益也分别提高了 6.74%、1.25%和 4.17%。但方案 1 生态绿当量较现状降低了 1.41%，而方案 2 和方案 3 的生态绿当量提高了 6.16%和 3.89%。此外，3 个方案的需水量有一定幅度的增加。方案 1 和方案 3 的需水量分别达到了 2.74 亿 m^3 和 2.75 亿 m^3，较现状增加了 3.01%和 3.38%，方案 2 的需水量提高了 1.50%。来龙灌区的年可供水量为 2.76 亿 m^3，因此，尽管 3 个方案的需水量增加，但未超过来龙灌区的可供水量。

表 3-15　不同水土资源配置目标函数值及需水量

方案	经济效益 GDP/(亿元)	单方水利用效益/(元/m^3)	生态绿当量/(万亩)	需水量/(亿 m^3)
现状	82.91	31.15	86.12	2.66
方案 1	91.09	33.25	89.25	2.74
方案 2	85.17	31.54	96.11	2.70
方案 3	89.24	32.45	94.06	2.75

(三) 种植结构优化配置

(1) 目标函数计算

①流域种植效益

根据来龙灌区实际种植情况进行分析，其中统计“蔬菜”参数时以青菜为例进行计算，各参数取值见表 3-16。

表 3-16　种植效益相关参数

作物种类	产量(kg/亩)	售价(元/kg)	成本(元/kg)	效益(元/kg)
水稻	578.0	2.8	1.2	1.6
小麦	383.0	2.7	1.6	1.1
玉米	381.6	2.8	0.9	1.9
蔬菜	2 436.0	1.5	0.7	0.8
油菜	171.0	3.2	0.8	2.4

②种植结构转换成本最低

考虑到来龙灌区复种作物，首先将作物分为水稻和蔬菜；在水稻田采取复种，复种作物分别为小麦、玉米和油菜；在蔬菜田不考虑复种。其他土地转换为耕地的成本为 10，水稻转换为蔬菜成本为 0，蔬菜转换为水稻成本为 6；小麦、玉米和油菜的转换成本见表 3-17(横为转出，竖为转入)。

表 3-17　各作物转化成本

	小麦	玉米	油菜
小麦	0	2	0
玉米	2	0	4
油菜	4	4	0

(2) 现状配置结果

根据水土资源优化配置下的三个方案，依据构建的 NSGA－Ⅱ模型对来龙灌区的作物种植结构进行优化。不同情境的耕地土地利用结构如图 3-16 所示。由图 3-16 可知，方案 1 耕地的面积增加了 0.41 万亩，在这种情况下开展不同作物的种植结构优化，可以发现尽管水稻的种植面积增加了 0.14 万亩，但其整体占比降低了 0.05%；而蔬菜种植面积增加了 0.27 万亩，蔬菜整体占比提高了 0.17%。对于复种作物小麦、玉米和油菜，小麦和玉米的种植面积占比提高了 0.28%和 0.02%，而油菜的面积降低了 0.38%。在方案 2 中，由于在生态效益最优情况下，耕地面积与现状相同，因此水稻和蔬菜的种植面积未发生改变。而小麦的种植面积占比提高了 0.40%，玉米和油菜种植面积降低了 0.06%和 0.34%。在方案 3 中，耕地面积增加最多，达到了 4.13 万亩，此时水稻和蔬菜的种植面积分别增加了 1.93 万亩和 2.20 万亩，但水稻整体占比降低了 0.50%，蔬菜整体占比提高了 1.00%。此外，在方案 3 中，小麦、玉米和油菜的种植面积占比均提高，分别为 0.36%、0.01%和 0.13%。由此可知，当耕地面积不发生变化时，水稻和蔬菜种植结构保持不变，将部分油菜地转换为小麦地能够实现效益最大化；而在耕地面积增加时，将增加的耕地面积更多地转化为蔬菜地能够实现效益最大化。

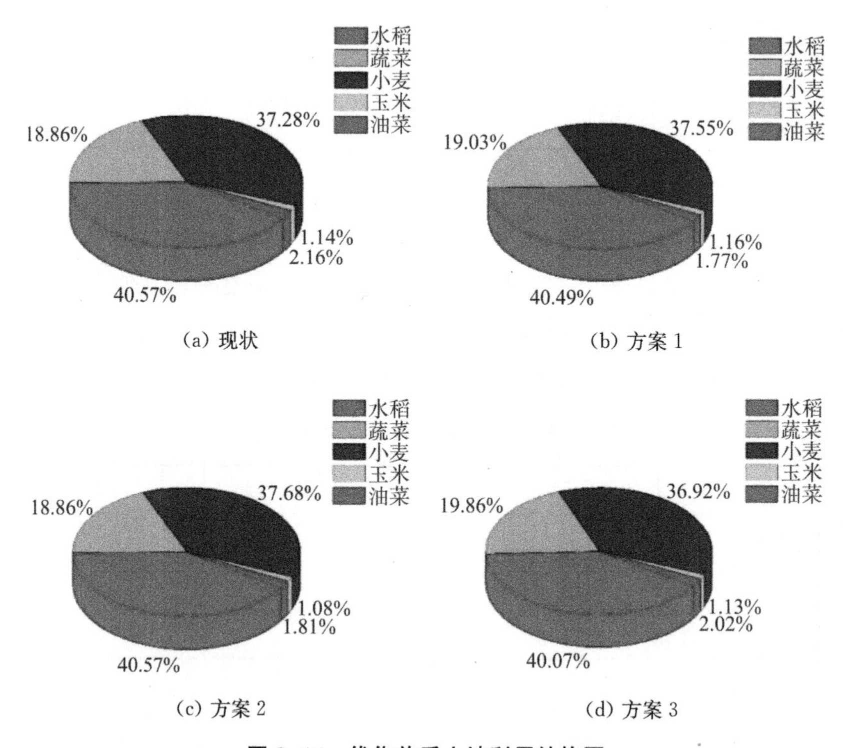

图 3-16　优化前后土地利用结构图

3 个方案的水资源分配如图 3-17 所示。从 3 个方案水资源分配占比来看，水稻的水资源占比均超过了 80%，但方案 1 和方案 3 中水稻水资源占比有一定的降低，蔬菜地的水资源分配占比提高，这是因为这两个方案的蔬菜地整体占比更高的原因。方案 2 与现状的水稻和蔬菜的水资源分配占比相同，小麦的水资源分配占比提高了 0.11%。而油菜的水资源分配占比降低了 0.10%。由此可知，以生态效益最大为目标对种植结构优化，油菜的水资源分配占比降低，更多水资源分配给小麦；而以经济社会效益和耕地增加率最大为目标对种植结构优化，水稻的水资源占比降低，更多水资源分配给蔬菜。

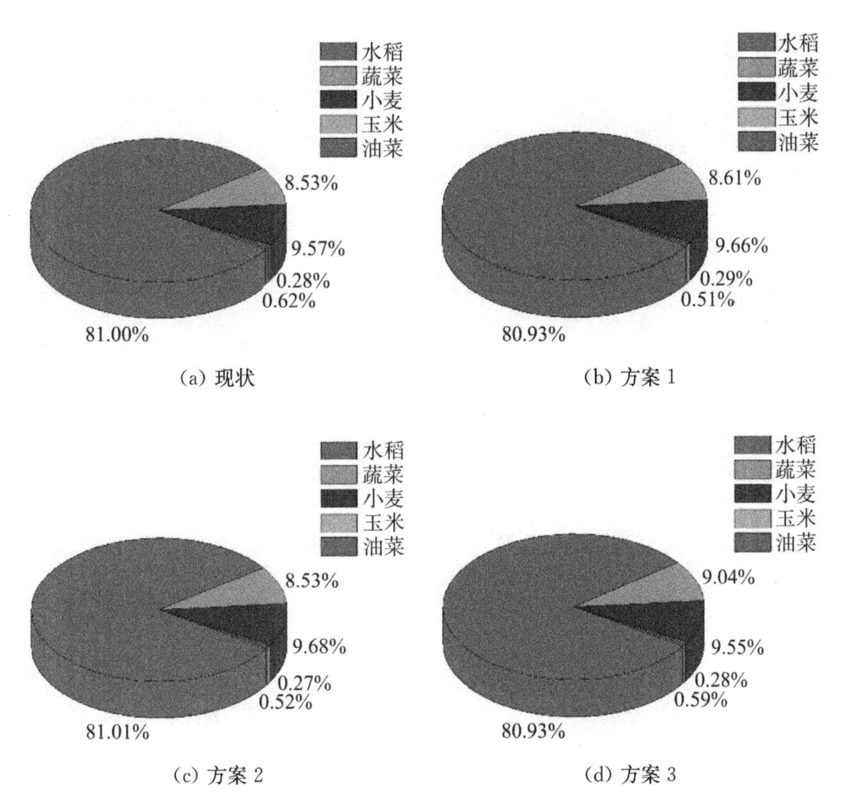

(a) 现状　　(b) 方案 1

(c) 方案 2　　(d) 方案 3

图 3-17　优化前后水资源分配图

3 个方案和现状配置的经济效益、粮食产量和转换成本如图 3-18 所示。方案 1、方案 2 和方案 3 的经济效益分别达到了 9.13 亿元、9.06 亿元和 9.74 亿元，较 2018 年，现状 9.05 亿元分别提高了 0.08 亿元、0.01 亿元和 0.69 亿元。同时 3 个方案的粮食产量也分别提高了 0.73%、0.38% 和 4.91%。3 个方案的转换成本分别为 6.14、1.48 和 41.30。由此可知，当耕地面积增加率最大时，灌区经济效益和粮食产量增幅效果明显，但同时由于需要将水域及水利设施用地和其他土地转换为耕地，其社会成本较高；而当生态效益最大时，灌区经济效益和粮食产量小幅度增加，同时由于只存在耕地内部作物种植结构优化，其社会成本最低；当社会经济效益最大时，作物种植结构优化后的经济效益、粮食产量增幅和社会成本居中。因此，灌区可结合未来的发展重点选择合适的种植结构优化方案。

表 3-18　不同种植结构下的目标函数

方案	经济效益/(亿元)	粮食产量/(万吨)	转换成本
现状	9.05	37.88	—
方案 1	9.13	38.15	6.14
方案 2	9.06	37.98	1.48
方案 3	9.74	39.74	41.30

第四章
灌区农田管道输水技术适宜性分析

灌区作为农业用水大户，在灌区现代化改造过程中势必要大力发展节水灌溉技术，解决农业灌溉中水利用效率低下的问题。管道输水灌溉技术能够根据不同自然地理条件因地制宜地对管道输水灌溉技术进行本土化应用，最大化发挥工程效益。但管道输水技术应用推广中，必须根据地方农业生产需要进行优化协调。因此，本章以苏北灌区为例，开展了灌区农田管道输水技术适宜性分析。主要内容为：(1)评价目的及原则；(2)适宜性评价方法；(3)影响管道输水灌溉技术应用的主要因素；(4)评价指标选取及体系建立；(5)发展潜力分析。

第一节　评价目的及原则

一、评价目的

灌区现代化改造的关键在于节水灌排工程技术的应用。其中，管道输水灌溉由于其水分利用效率高、输水快等优点，已成为世界许多发达国家发展灌溉优先选用的技术措施之一。由于苏北地区耕地面积大、地区发展状况各异以及土地环境的千差万别，致使管道技术在推广应用中遇到种种问题，诸如该技术的可实施性、管理难易程度以及项目的投入产出等。因此，在管道技术应用推广过程中，根据地方农业生产发展的需要，必须解决好管道技术与千差万别的应用环境之间的协调关系，论证该技术与应用地区的协调程度，只有这种协调关系达到一定程度时，才是管道技术对某地区应用适宜性的满足，才能充分挖掘土地生产潜力，获得更高的收益。

评价体系建立的目的就是根据通过对应用地区相关属性的评价，验证该技术与应用环境的协调程度，评价该地区适不适宜发展以及适宜发展地区的发展潜力。参照该评价结果，针对不适宜推广的地区，应该果断摒弃该技术或者积极改善其自身的环境条件以达到适宜的程度，避免造成资源浪费；针对适宜推广地区，其结果还可以为评价该技术发展潜力提供参考，为项目可能达到的效益提供预见性的参考借鉴。

二、评价原则

苏北地区管道输水灌溉工程技术适宜性评价体系的建立本身要符合“可靠性、科学性、完整性”的原则。而对于技术的评价则应符合包括水资源保护、经济效益、社会效益等多方面的要求。

（一）符合“完整性、合理性、可靠性”的原则

建立的评价体系应该完整地反映该项技术推广时的各个层次、各个方面，综合地考虑该项技术推广应用的价值；评价体系指标的划分应该是合理的，每一项指标都应该各自承担独立的评价内容，不应相互矛盾或冲突；评价体系应该便于评价人员的工作组织及信息处理，每项指标都可以被明确地判断及获取，并能保证不同的评价人员都能在该体系下获得合理的评价结果。

（二）符合农业节水可持续发展的要求

在目前我国的农业灌溉用水中，两大问题日益突出：一是由于水资源不足限制灌溉保证率的提高，使得农业灌溉面积在扩大过程中受到制约；二是目前开发利用的水资源存在严重浪费，导致灌溉水利用系数普遍偏低。农业节水是当前农田水利工程的重要内容，对改善中国目前农业用水现状、促进新型农业技术建设、创造农业的可持续发展的整体优化和美化乡村生态系统有积极作用。因此，发展一项农田灌溉技术时，评价其是否有利于对水资源的有效节约，是该技术在当地大规模展开的前提。

（三）符合粮食增产、农民增收的要求

由于传统的灌溉种植方式、管理方式及经营观念，农业资源并没有得到有效利用，农业经济相对落后。因此我们必须将全新的理念带入到新技术的推广应用中，以改变目前落后的农业生产现状，提高农民种植积极性以及生产能力，更重要的是能提高那些农业生产状况关系到自身生存的农民的经济收入。与此同时，新技术的推广展开必须考虑农民的承受能力，能够使经济效益最大化，以此推动新农村建设。因此将上述考虑的内容作为评价的一项重要原则，才能保证所应用的技术与当地完美融洽地结合。

第二节　适宜性评价方法

(一) 模型建立

层次分析法模型建立步骤如下：

(1) 构造层次分析结构

应用层次分析法(简称 AHP 法)解决各个领域的问题时，首先要把问题条理化、层次化，构造出一个层次分析结构的模型。建立问题的层次结构模型是 AHP 法中最重要的一步，把复杂的问题分解成称之为元素的各个组成部分，并按元素的相互关系及其隶属关系形成不同的层次。层次数与问题的复杂程度和需要分析的详尽程度有关。每一层次中的元素一般不超过 9 个。

(2) 构造判断矩阵

对于同一层次的 n 个元素来说，通过两两比较得到判断矩阵 $\boldsymbol{B}=(b_{ij})_{n\times n}$，构造形式见式(4-1)，其中 b_{ij} 表示因素 i 和因素 j 相对于目标的重要性，含义见表 4-1。

$$\boldsymbol{B}=\begin{bmatrix} b_{11} & b_{12} & \dots & b_{1n} \\ b_{21} & b_{22} & \dots & b_{2n} \\ \dots & \dots & b_{ii} & \dots \\ b_{n1} & b_{n2} & \dots & b_{nn} \end{bmatrix} \tag{4-1}$$

显然矩阵 $\boldsymbol{B}$ 具有如下性质：

①$b_{ij}>0$；②$b_{ij}=1$，(i=j)；③$b_{ij}=1/b_{ij}\,(i\neq j)$，其中$(i,j=1,2,\cdots,n)$。

表 4-1　判断矩阵标度及含义

序号	重要性等级	C_{ij} 赋值
1	表示两个因素相比，具有相同重要性	1
2	表示两个因素相比，前者比后者稍重要	3
3	表示两个因素相比，前者比后者明显重要	5

续表

序号	重要性等级	C_{ij} 赋值
4	表示两个因素相比，前者比后者强烈重要	7
5	表示两个因素相比，前者比后者极端重要	9
6	表示上述相邻判断的中间值	2、4、6、8
7	若因素 i 与因素 j 的重要性之比为 a_{ij}，那么因素 j 与因素 i 重要性之比为 $a_{ji}=1/a_{ij}$	倒数

两两比较关系是确定指标权重的根本因素。管道输水灌溉工程适宜性评价指标体系的两两判断矩阵，是根据各个因素之间的相对重要性构造。不同地区的自然、生产、社会等因素不同，各指标之间关系的相对重要性也不同，两两比较判断矩阵也不同。

(3) 评价指标相对权重计算

各层次中指标的相对权重，常采用和积法进行计算，其计算公式如下：

先对判断矩阵每列元素作归一化处理：

$$b_{ij}^{*}=\frac{b_{ij}}{\sum_{i=1}^{n}b_{ij}} \tag{4-2}$$

将每列归一化后的判断矩阵按行求和：

$$W_{i}^{*}=\sum_{i=1}^{n}b_{ij} \tag{4-3}$$

对按行求和的向量 $\boldsymbol{W}*=(W_{1}*,W_{2}*,\cdots,W_{n}*)^{t}$ 作归一化处理：

$$W_{i}=\frac{W_{i}^{*}}{\sum_{i=1}^{n}W_{j}^{*}} \tag{4-4}$$

$\boldsymbol{W}=(W_{1},W_{2},\cdots,W_{n})^{t}$ 即为所求特征向量(即所在层次的相对权重)，$(i,j=1,2,\cdots,n)$。

(4) 进行一致性检验

计算判断矩阵最大特征根：

$$\lambda_{\max}=\sum_{i=1}^{n}\frac{(BW)_{i}}{nW_{i}} \tag{4-5}$$

在层次分析法中引入判断矩阵最大特征根以外的其余特征根的负平均值，

作为判断矩阵偏离一致性的指标，即：

$$CI = \frac{\lambda_{max} - n}{n - 1} \tag{4-6}$$

计算一致性比例 CR：

$$CR = CI/RI \tag{4-7}$$

其中：RI 表示平均随机一致性指标，对于 2－9 阶判断矩阵，RI 的值见表 4-2。

表 4-2 阶平均随机一致性指标

分级	1	2	3	4	5	6	7	8	9
RI	0.00	0.00	0.58	0.90	1.12	1.24	1.32	1.41	1.45

(5) 确定权重

当 $CR<0.1$ 时，认为判断矩阵具有满意的一致性，否则就需要检查判断矩阵合理性，并做出相应调整，直到 $CR<0.1$。

(二) 隶属函数

在管道输水灌溉适宜性评价体系建立过程中，指标主要分为定性指标和定量指标两种。其中，定性指标是指无法直接通过数据计算分析评价内容，需对评价对象进行客观描述和分析来反映评价结果的指标。所以对该类指标的评价，需制定相应的等级标准，并对不同等级内的指标赋予相应的评价值，采用百分制。指标分级和评价的依据，本次研究由决策者直接给出。

定量指标是可以准确数量定义、精确衡量并能设定绩效目标的考核指标，如农机化率、内部收益率等。对于该类指标可以通过相应的隶属函数对其进行评价，选取最优值和最不利值作为界限，然后通过正负相关函数对指标赋值，同样采用百分制，通过隶属函数可以将定量指标无量纲化。

隶属函数的表达形式有四种，其中式(4-8)为 k 次抛物型分布；(4-9)、(4-10)为线性分布；(4-11)为伽马分布，其函数表达式如下：

$$A(x) = \begin{cases} 100, x \leqslant a \\ 100\left(\dfrac{b-x}{b-a}\right)^k, a \leqslant x \leqslant b \\ 0, x \geqslant b \end{cases} \tag{4-8}$$

$$A(x) = \begin{cases} a_1 x + b_1, 0 \leqslant x < 60 \\ a_2 x + b_2, 60 \leqslant x \leqslant 80 \end{cases} \tag{4-9}$$

$$A(x)=\begin{cases}100, x>b\\100\dfrac{x-a}{b-a}, a\leqslant x\leqslant b\\0, x<a\end{cases}\tag{4-10}$$

$$A(x)=\begin{cases}0, x\leqslant a\\100[1-e^{[-b(x-a)]}], x>a\end{cases}\tag{4-11}$$

（三）评价结果

对于评价的结果，由于评价的要求不同，也会有不同的等级，可以分为中性评价、乐观评价、悲观评价三种。中性评价通过对评价值累计直方图的研究，用常规统计方法把总体分成大致面积相等的 4 个区域。乐观评价是提高位于评价分值边界的评价区域的等级，从而使评价依据降低，评价结果与中性评价比相对乐观。悲观评价与乐观评价相反，降低位于评价分值边界的评价区域的等级，提高了评价依据，降低最后评价等级。用户可以根据自己的需求来自行选择三种评价等级中的一种，使评价结果更加精确。

本节采用乐观评价，即将被评价对象分成三个等级。评价分值大于等于 80 是适宜；评价分值小于 80、大于等于 60 是比较适宜；评价分值小于 60、大于等于 0 是不适宜。

第三节　影响管道输水灌溉技术应用的主要因素

影响苏北地区管道输水灌溉工程技术发展的因素很多，本节主要从自然条件、生产条件、发展条件和经济条件三个方面进行剖析，并提出相应的权重和判别标准。

（一）地形因素

地形条件指推广管道输水灌溉工程技术地区的相对高差、坡度及平整度，其中坡度是影响农田水利工程措施选择的重要因子。坡度的大小不仅影响耕地的分布，而且对管网自身的建设运行也有显著影响。地下埋管的坡度主要根据地形特点来确定。在山丘区或地形起伏比较大的田块，一般大致与地面坡度相同。而在平原区非常平坦的田块，管道不能埋设成完全水平的，而应做成

1/100～1/1000 的坡度，以防止淤积并且允许在充水时排出管内空气和在冬季到来之前将管网内余水排空，避免冻裂管道。

根据《土地利用现状调查技术规程》将耕地的坡度分为五个等级，≤2°、2°～6°、6°～15°、15°～25°、>25°。不同的地面坡度级别，影响耕地利用的程度不同。≤2°时基本不会发生水土流失；2°～6°时需要进行水土保持来防止土壤侵蚀；6°～15°时为减少水土流失，可进行等高种植以及修建梯田等方法。15°～25°时必须进行水土保持。>25°时，《中华人民共和国水土保持法》明文规定不得进行耕地开垦，并且规定将已开垦的耕地逐渐还草或还林。

当坡度大于 25°时，已然不能发展输水管道，其指标值可以视为 0。当坡度小于 5°，即平耕地时，此时可通过少量的耕地平整使得泵站运行稳定、管道铺设方便、布局合理、施工成本较低，因此可以视为适宜发展管道输水，其指标值为 100。当坡度在 5°～25°即缓坡耕地时，将采用梯田或者生物技术，此时依然可以发展管道输水，但是随着坡度的增加，不管是前期的水源工程投资、施工成本，还是后期的运行维护管理成本都将大大增加。此时可采用 k 次抛物线作为隶属函数，隶属函数为式(4-8)，k 的大小取决于提水级数，以此来区别同一坡度下，不同地面高程灌区的分值。

(二) 水源因素

所谓水质，主要指水的化学、物理性状，水中含有物的成分及其含量。根据 2006 年 11 月 1 号实施的《农田灌溉水质标准(GB 5084—2021)》水质主要包括含沙量、含盐量、有害物质含量及水温等。灌溉水源的水质应符合作物生长和发育的需要，还要兼顾人畜饮用水以及鱼类生长的要求。在苏北地区长期的灌溉实践中，盐碱化对于该地区威胁并不严重，水温可以被认为满足灌溉要求，因此我们认为含沙量和水污染程度是影响其发展的主要因素。

含沙量的高低直接决定该系统是否能够长期正常的运行而不出现淤堵，因此水质因素在该评价系统中起着至关重要的作用。水中含沙量较高，在长期运行过程中就会出现淤堵。由于管道是封闭的系统，当出现淤堵时，很难进行有效的清理。所以当水源水质过差时，如果依然要发展管道灌溉，此时应在管网进水口设置沉沙池、拦污栅，但会增加投资。悬浮在水中的泥沙，允许含沙量视管道输水能力而定：灌溉水允许含沙粒径一般为 0. 005～0. 01 mm，；粒径 0. 1～0. 05 mm 的泥沙，可少量输入田间；粒径大于 0. 1～0. 15 mm 的泥沙，一般不送入田间。

当灌溉水泥沙粒径小于 0. 01 mm，且水中无漂浮物，污染程度低，则被认为对管网运行有利，适宜发展管道输水，其指标值为100分；当灌溉水中泥沙粒径大于0.1 mm，漂浮物较多，污染程度高，则被认为其不适宜发展管道输水；当泥沙粒径为0.01～0.1 mm，水中漂浮物少，污染程度一般，则被认为较适宜发展管道输水，此时采用拦污栅和沉沙池等工程措施使得管网系统顺利运行，指标分值通专家打分进行评判，采用百分制。

（三）水源水位

水位是决定取水方式的因素之一，根据来水和灌溉用水的平衡关系以及灌区的具体情况可有不同的结构和形式。一般最常用的有无坝取水、有坝取水、抽水取水和水库取水。

取水方式的不同直接关系到是否进行管道输水灌溉的建设。当水源水位很高时，比如在水库灌区，富余水头很高以至于若采用渠灌必须要修建跌水或者陡坡来进行消能，否则就会对渠道以及农田进行冲刷。这时采用管道输水就可以消去多余的水头，减少对田块的冲刷，因此这种情况下可以优先考虑发展管道输水技术。当水源水位很低时，采用提水灌溉，已建泵站提水时也可以有很高的富余水头，这时可以依托已建泵站发展管道输水技术，提高灌水效率，减少劳动力的投入。当水源水位稍高于灌区时，此时渠道自流灌溉就可以满足农田灌溉要求，在此情况下若发展管道，由于管道流速较大，内部连接件较多，会大大增加水头损失，最后可能导致水头不足，无法灌溉灌区内较远或者地势较高的地区。若进行泵站建设，又将大大提高成本，增加农户投入，因此这种情况下可以舍弃管道输水工程的建设而采用渠道灌溉。

（四）农业生产水平

当地是否适宜发展管道输水灌溉技术，不仅仅要考虑当地的自然条件是否适宜，还要考虑当地的生产水平。因为一个地方即使各个条件都满足，但是由于其生产水平不够，比如当地还处于精耕细作的小农经营模式，生产条件落后，生产率低。生产率低带来的问题就是难以形成规模效益。还有，由于生产技术粗糙，化肥、农药的过量使用使得农产品在质量上也得不到保证，从农产品农药超标报道的频率就可见一斑，这使得产品品质差、市场竞争力弱。在这种情况下，最需要考虑的是如何提高农业生产率，提高现有的农业基础设施，改良农业生产结构，而不是立即就进行管道输水技术的推广。因为即使该技术已经在当地建成并开始运用，但是由于生产水平的限制，该技术的投入并不能得到本应有的回报，这样反而对该技术的推广普及不利。因此将生产水平作为该评价系统的一项重要指标。

综合评价一个地区农业生产水平的好与差，就要考虑到农业生产水平包含的各个因素。经研究发现该水平包括土地经营规模、劳动生产率、土地产出率以及农产品附加值等几个方面。土地经营规模是指每个劳动力所承担的耕地面积，通过该项指标来反映地区农民经营能力。徐州地区提出，连片种植达到90亩即可视为规模化。劳动生产率是指每个劳动力生产的谷物重量，标志着地区经济实力与社会创造力。土地产出率即不同作物每亩的平均产量，综合反映当地的生产水平。农产品附加值即对农产品再加工的程度，是对一个地区创新能力以及生产能力的反映。

由于上述的生产水平包括了当地生产的多个方面各个因素，很难明确地经过数值计算进行该项指标的评价，因此可以通过当地的专家对该项指标进行综合评判，采用百分制打分，得出该项指标评价值。

（五）农机化发展水平

实行农业机械化是扩大经营规模、改善劳动条件、提高生产效率的重要保证。推广管道输水工程技术的目的是促进增产增收，而实现这一目的的前提就是实行规模化、集中化种植管理。而当一个地区农机动力水平很低时，则可以认为其整个农业生产水平还很低，所以完善其农业基础配套设施才是其首要任务，在此基础上发展该技术才是最合理的。因此，可以说农机动力水平是管道输水技术实现其最大效益的有效保证，对该水平的评价也将包含在管道输水技术适宜性评价里。

农机动力水平中包括农业机械化作业程度、农业机械化综合保障能力、农业机械化综合效益等。里面包含因素很多，比如播种机械化程度、收获机械化程度、灌排机械化程度等。农业机械作业需要农田具有足够的空间，所以农机化程度越高的地区，对于农田集中连片程度要求越高，恰好发展地下管道灌溉技术能够减少地表建筑物数量，减少农业机械跨越田间建筑物的时间，提升农田机械作业效率。所以说管道输水技术是农业机械实现高效作业的有力支撑。综上所述，对该水平的评价也将包含在管道输水技术适宜性评价里。

对于该项水平的评价，全国的数据显示，目前农作物耕种收综合机械化率平均为63%，各省都出台了相关的农业机械化评价指标体系，比如《江苏省农业机械化水平评价指标体系》。其中，某些发达地区的农业机械化水平达到81%，因此，可以结合该体系对苏北地区农机动力水平进行评价。为了方便计算，将满分值定为100分，把指标分值按农业机械化率划分为三个区间，农机率小于＜60%的，指标分值为60分；达到先进农业机械化水平的，指标分值为100分；农机率在60%至80%之间的，可以根据隶属函数(4-9)对其评估。

(六) 用户综合素质

用户是管道输水技术的主体，是该工程投入运行后的直接参与者，用户接受能力的高低直接决定这一技术能否在实际生产中发挥工程效益，影响着这一技术的发展和推广。因此，应该选择用户文化程度较高，思想较为开化，容易接受新技术，容易掌握管理和操作管道灌排技术的地方优先发展该技术；而相反的，在那些用户文化程度较低，思想守旧，不愿意接受新技术，很难掌握管理和操作管道灌排技术的地方则视为不适宜发展该技术。由于人口素质这项指标很难明确地经过数值计算进行评分，因此，可以通过当地的专家对该项指标进行综合评判，采用百分制打分，得出该项指标评价值。

(七) 财政支持力度

国内外先进节水灌溉工程技术推广应用的经验表明，政府的积极引导和政策支持是技术推广的重要保障，这是由节水灌溉工程技术推广的重要性和特殊性决定的。政府是否加大力度宣传推广某项技术是由当地发展需要决定的。政府在农业发展规划中需要做到节水、节地、便于机械化时，就会对管道灌溉给予更多的扶持。因此，政府的财政支持是影响管道灌溉的主要因素，必须将其作为适宜性评价指标。

财政支持力度主要指对技术的投入能力和对该项技术的政策扶持力度。通过苏北地区区县资料调查与收集，计算低压管道输水工程投入在灌溉系统续建配套改造投资中的占比。其中泗阳县与宿豫区在《江苏省农田水利规划(2015—2020 年)》中无发展低压管道输水的计划，即其财政投入为 0，因而其指标值可视为 0 分，宿城区、沭阳县和泗洪县低压管道输水投入分别占到灌溉系统续建配套改造投入的 0.27%、2.40%、3.68%，其最不利值为 0%，即当地不准备发展低压管道输水技术，最优值为 3.68%，在这两者之间可以通过隶属函数(4-10)得出该项指标评价值。

(八) 用户负担

水利部印发的《深化农田水利改革的指导意见》明确指出，要实施国家节水行动，既要有利于促进节水，保障工程正常运行，也要总体上不增加农民负担。由于农民是管道输水灌溉技术的用户主体，因而在管道输水工程建设之前，应该充分考虑工程的年费用，尽量不增加或者减少农民负担。

由于低压管道输水灌溉工程属于农田水利工程，故将工程费用构成简化为工程总投资，根据《水利建设项目经济评价规范》(SL 72—2013)，水利建设项目的费用由固定资产投资、流动资金和年运行费三部分组成。其中流动资金一般按年运行费的10%计算。年费用一般包括固定资产折旧费、年运行费。固定资产折旧费是指固定资产在使用过程中由于损耗而逐渐失去的价值经折算成每年所需支出的费用。年运行费指水利建设项目竣工投产后每年需要支出的各种经常性费用，其中包括工资及福利费，材料、燃料及动力费，维护费和其他费用。根据规范，机电排灌站经济分析期一般取为15～25年。若按静态法计算，则每年折旧费为固定资产投资的4%～6%左右。平原区、丘陵区中型灌区年运行费(经费满足需求的情况下)分别占固定资产投资2%～4.4%、2.8%～5.6%(吕洪斌，1994)，流动资金按年运行费的10%计算。江苏省农业水价为0.01元/m^3(数据来源:《中国水利》，1998)，粮食作物按一亩地灌800 m^3计算，则每亩水费为8元(此处单指水价，不考虑动力成本)。综上所述，可知平原区年费用一般占固定资产投资的6.2%～10.8%左右，丘陵地区占固定资产投资的7%～12.5%左右。

据此，决策者可以根据当地相关工程施工管理经验，判断低压管道输水工程技术的年费用是否会对用户和管理单位造成过高的负担，从而导致"建得起，用不好"的现象。该项指标通过当地决策者或者专家给分的方式进行评判，采用百分制。

(九) 经济评价

在对农田水利作出规划时，财政投入及产生的效益是必须考虑的内容，而内部收益率是投资决策中经常使用的评价方法，自然而然地也可作为低压输水管道工程的评价性指标。内部收益率是项目净现值等于零时的折现率，是项目寿命期内没有被回收的投资的盈利率。2006年国家发展和改革委员会、建设部发布的《建设项目经济评价方法与参数(第三版)》中将社会折现率规定为8%，供各类建设项目评价时统一采用。

计算经济指标值时各年净效益主要包括节水、节地、省工及增收。管道输水系统可减少渗漏和蒸发等方面的问题，其输水工程中的有效水利用率可达90%～97%，管道输水灌溉改善了田间灌水条件，一般可增收30%。在省地省工方面，以管道代替土渠输水，一般可减少占地2%～4%；而且管道灌溉输水速度快，浇地效率高，一般灌溉效率提高一倍，用工减少一半以上。

现根据内部收益率对该指标作出评分，该指标满分值为100分，投资项目的社会折现率通常为8%，如果管道输水灌溉工程内部收益率预估值没能达到8%，则说明该项目可能亏损，不建议实施，此时，该指标分值为0分；内部收益率达到12%时，则认为该项目达到了理论上比较高的一个收益水平，其隶属函数为式(4-11)。

第四节　评价指标选取及体系建立

通常对某一项技术进行评价，多遵循“技术—经济”原则，即在该技术的技术目标与经济目标之间寻找平衡，该种评价原则以经济目标为主，当满足一定的经济要求时，这项技术就被认为适合推广，这样就往往忽略了环境对该项技术的影响，造成推广应用效果不佳。因此，对管道输水灌溉工程技术的评价还要考虑“环境—社会”这方面的影响。

一、指标体系

基于上述分析，根据系统性、科学性、动态性、引导性等影响因素的原则，选择了上述对管道输水工程适宜性影响较大的主要影响因素，再对上述影响因素进行分析后确定以下评价指标，现将评价指标分为下面四大类：

自然条件评价指标：主要包括地形坡度、水质、水位条件等；生产条件评价指标：主要包括农业生产水平、农机化发展水平；社会条件评价指标：人口素质、财政支持力度；经济条件指标：内部收益率、亩均年费用。

根据层次分析法，建立包括目标层、准则层、指标层三个层次的管道输水工程技术适宜性评价指标体系，并通过对地方水行政管理部门领导、技术人员、用户代表等，根据层次分析法给出指标权重的专家评价结果。农田管道输水灌溉工程技术适宜性评价体系结构如表 4-3 所示。

表 4-3　苏北地区农田管道输水灌溉技术适宜性评价指标体系

目标层	准则层	指标层	指标表征
A 农田管道输水灌溉工程技术适宜性评价体系	B1 自然条件	C1 地形坡度	耕地坡度
		C2 水源水质	泥沙含量、漂浮物、污染程度
		C3 水源水位	灌溉取水方式
	B2 生产条件	C4 生产水平	农业生产率、规模化程度等
		C5 农机化	农机化率

续表

目标层	准则层	指标层	指标表征
A 农田管道输水灌溉工程技术适宜性评价体系	B3 发展条件	C6 用户综合素质	受教育程度
		C7 财政支持力度	农田水利投入占财政支出比重
	B4 经济条件	C8 用户负担	年费用
		C9 经济评价	内部收益率

二、指标评价标准

指标评价标准见表 4-4。

表 4-4 定性指标值评价标准

指标	评价等级标准		
	Ⅰ	Ⅱ	Ⅲ
C2 水源水质	泥沙含量低、漂浮物少、污染程度低	泥沙含量中等、漂浮物较少、污染程度较低	泥沙含量较高、漂浮物较多、污染程度较高
C3 水源水位	水库自流	河流提水	河流自流
C4 生产水平	规模化程度高、生产率高	规模化程度中等、生产率一般	规模化程度低、生产率较低
C6 用户综合素质	高	中等	较低
C8 用户负担	小	中	大

注:(1)专家可根据不同指标在标准中的等级酌情打分。Ⅰ级在 80～100 之间,Ⅱ级在 60～79 之间,Ⅲ级在 0～59 之间。

(2) 水位条件可以考虑水源水位与灌区高程的高差。

(3) 规模化程可参考徐州地区:连片种植达到 90 亩即可视为规模化。

(4) 用户负担可根据 P084(八)中提出的标准作为参考。

(5) 以上每个因素的指标评价都可以参考上述研究内容对应的上一节的内容。

三、指标隶属函数

根据对各地区进行的调查研究,确定了各个指标的边界情况及基本增长类型,得出了各项定量指标的适宜分布,如表 4-5 所示。

表 4-5 定量指标值评价原则

指标	a	b	隶属函数
$C1$ 地形坡度(°)	5	25	(1)(4-8)
$C5$ 农机化率(%)	1	0	(2)(4-9)
	2	60	
$C7$ 财政投入能力(%)	0	3.68	(3)(4-10)
$C9$ 内部收益率(%)	1	8	(4)(4-11)

注:其中隶属函数(4-8)的 k 值大小为提水泵站级数。

各个函数表达式构成的隶属函数图像如图 4-1 至图 4-2 所示。

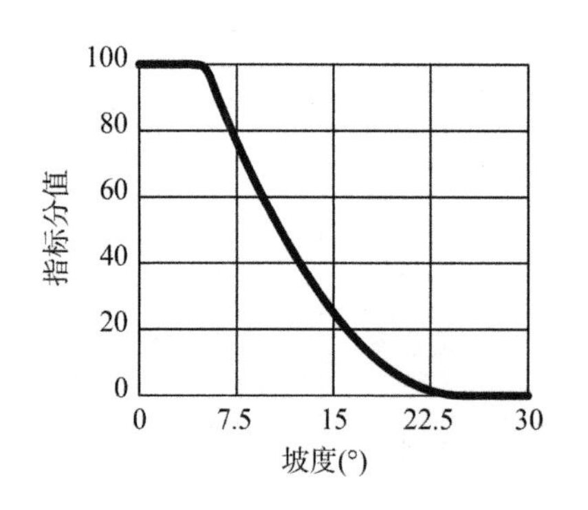

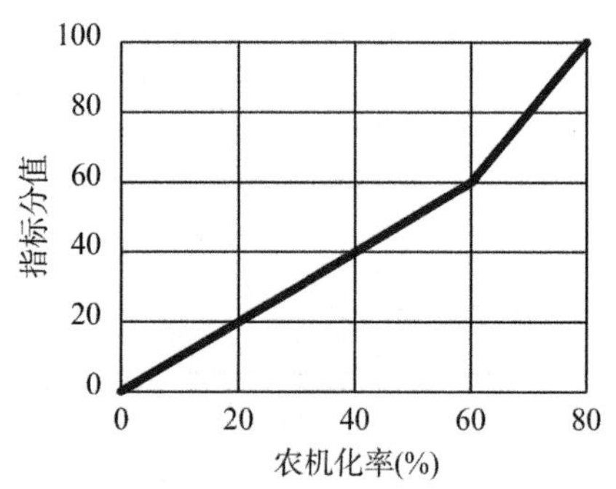

图 4-1 农机化率隶属函数图

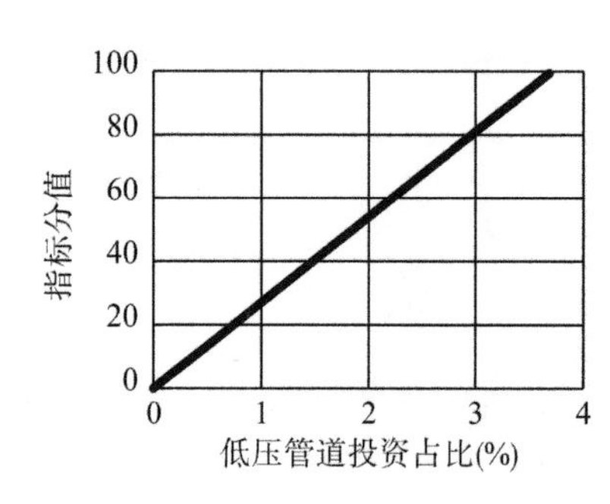

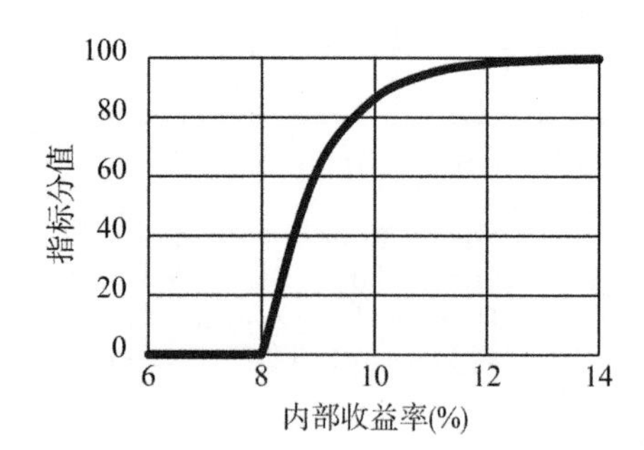

图 4-2 内部收益率隶属函数图

四、评价等级的划分

由于适宜性级别是相对的,所以系统提供了中性评价、乐观评价、悲观评价

3 种选项;中性评价按常规统计方法统计研究区评价值的累计直方图,把全区分成面积大致相等的 4 个等级;乐观评价是把划分评价等级的标准稍微降低,使位于综合评价分值边界级别的评价单元结果等级提高,评价结果较为乐观;悲观评价是把划分评价等级的标准稍微提高,使综合评价分值位于边界级别的评价单元结果等级降低,总的评价等级降低。这种做法的优点是评价者可以根据需要,调整划分评价等级。本研究采用乐观评价,及将被评价对象分成三个等级。适宜是评价分值大于等于 80 的评价单元;比较适宜是评价分值小于 80、大于等于 60 的评价单元;不适宜是评价分值小于 60、大于等于 0 的评价单元。

第五节 发展潜力分析

一、模型构建

(1) 构建层次结构模型

构建农田管道输水灌溉工程系统发展潜力评价体系的层次机构及指标体系,具体可见表 4-6。建立层次分析结构后,问题分析即归结为各种因素对于低压管道发展潜力的优先次序或重要性排序。

表 4-6 苏北地区农田管道输水灌溉技术发展潜力评价指标体系

目标层	准则层	指标层	指标表征
A 农田管道输水灌溉工程技术发展潜力评价体系	B1 自然条件	C1 地形坡度	土地整理程度
		C2 水源水质	泥沙含量、漂浮物、污染程度
		C3 取水条件	水源水位、水源位置
	B2 生产条件	C4 生产水平	农业生产率、规模化程度等
		C5 农机化程度	农机化率
	B3 发展条件	C6 用户综合素质	受教育程度
		C7 财政支持力度	农田水利投入占财政支出比重

续表

目标层	准则层	指标层	指标表征
A 农田管道输水灌溉工程技术发展潜力评价体系	B4 经济条件	C8 用户负担	自筹资金能力
		C9 经济评价	内部收益率
	B5 灌区工程现状	C10 供水保证率	农田供水得到保证的面积比例
		C11 工程老化程度	现状灌溉输水工程老化陈旧率

(2) 构造判断矩阵

建立层次分析模型之后，通过在各层元素中进行两两比较，构造出比较判断矩阵。层次分析法主要是人们对每一层次中各因素相对重要性给出判断，这些判断通过引入合适的标度用数值表示出来，形成判断矩阵。判断矩阵表示针对上一层次因素，本层次与之相关的因素之间相对重要性的比较。目标层判断矩阵 A 如表 4-7 所示。

表 4-7　目标层(*A*)判断矩阵表

A	*B*1	*B*2	*B*3	*B*4	*B*5
*B*1	1	2	3	2	1/4
*B*2	1/2	1	2	3	1/3
*B*3	1/3	1/2	1	2	1/2
*B*4	1/2	1/3	1/2	1	1/2
*B*5	4	3	2	2	1

准则层判断矩阵如表 4-8 至表 4-12 所示。

表 4-8　准则层(*B*1)判断矩阵表

*B*1	*C*1	*C*2	*C*3
*C*1	1	2	3
*C*2	1/2	1	2
*C*3	1/3	1/2	1

表 4-9　准则层($B2$)判断矩阵表

$B2$	$C4$	$C5$
$C4$	1	3
$C5$	1/3	1

表 4-10　准则层($B3$)判断矩阵表

$B3$	$C6$	$C7$
$C6$	1	2
$C7$	1/2	1

表 4-11　准则层($B4$)判断矩阵表

$B4$	$C8$	$C9$
$C8$	1	3
$C9$	1/3	1

表 4-12　准则层($B5$)判断矩阵表

$B5$	$C10$	$C11$
$C10$	1	1/2
$C11$	2	1

(3) 层次总排序及一致性检验

计算判断矩阵 $\boldsymbol{A}$、$\boldsymbol{B}1$、$\boldsymbol{B}2$、$\boldsymbol{B}3$、$\boldsymbol{B}4$、$\boldsymbol{B}5$ 的最大特征根和相应的特征向量，计算步骤如下：

$$\boldsymbol{A}=\begin{bmatrix} 1 & 2 & 3 & 2 & 1/4 \\ 1/2 & 1 & 2 & 3 & 1/3 \\ 1/3 & 1/2 & 1 & 2 & 1/2 \\ 1/2 & 1/3 & 1/2 & 1 & 1/2 \\ 4 & 3 & 2 & 2 & 1 \end{bmatrix} \xrightarrow{\text{列向量归一化}}$$

$$\boldsymbol{A}=\begin{bmatrix}0.158 & 0.293 & 0.353 & 0.200 & 0.097\\0.079 & 0.146 & 0.235 & 0.300 & 0.129\\0.053 & 0.073 & 0.118 & 0.200 & 0.194\\0.079 & 0.049 & 0.059 & 0.100 & 0.194\\0.632 & 0.439 & 0.235 & 0.200 & 0.387\end{bmatrix}\xrightarrow{\text{按行求和}}\begin{bmatrix}1.100\\0.890\\0.637\\0.480\\1.893\end{bmatrix}$$

$$\xrightarrow{\text{列向量归一化}}\begin{bmatrix}0.220\\0.178\\0.127\\0.096\\0.379\end{bmatrix}=\boldsymbol{w}^{(0)};$$

$$\boldsymbol{A}\boldsymbol{w}^{(0)}=\begin{bmatrix}1 & 2 & 3 & 2 & 1/4\\1/2 & 1 & 2 & 3 & 1/3\\1/3 & 1/2 & 1 & 2 & 1/2\\1/2 & 1/3 & 1/2 & 1 & 1/2\\4 & 3 & 2 & 2 & 1\end{bmatrix}\begin{bmatrix}0.220\\0.178\\0.127\\0.096\\0.379\end{bmatrix}=\begin{bmatrix}1.245\\0.957\\0.671\\0.518\\2.239\end{bmatrix}$$

$$\lambda^{(0)}\max=\frac{1}{5}\left(\frac{1.245}{0.220}+\frac{0.957}{0.178}+\frac{0.671}{0.127}+\frac{0.518}{0.096}+\frac{2.239}{0.379}\right)=5.52$$

同理可以计算出判断矩阵 $\boldsymbol{B}1=\begin{bmatrix}1 & 2 & 3\\1/2 & 1 & 2\\1/3 & 1/2 & 1\end{bmatrix}$，$\boldsymbol{B}2=\begin{bmatrix}1 & 3\\1/3 & 1\end{bmatrix}$，$\boldsymbol{B}3=\begin{bmatrix}1 & 2\\1/2 & 1\end{bmatrix}$，$\boldsymbol{B}4=\begin{bmatrix}1 & 3\\1/3 & 1\end{bmatrix}$，$\boldsymbol{B}5=\begin{bmatrix}1 & 1/2\\2 & 1\end{bmatrix}$ 的最大特征值和对应的特征向量依次为：

$$\lambda^{(1)}\max=3,\boldsymbol{w}^{(1)}=\begin{bmatrix}0.539\\0.297\\0.164\end{bmatrix}$$

$$\lambda^{(2)}\max=2,\boldsymbol{w}^{(2)}=\begin{bmatrix}0.75\\0.25\end{bmatrix}$$

$$\lambda^{(3)}\max=2,\boldsymbol{w}^{(3)}=\begin{bmatrix}0.77\\0.22\end{bmatrix}$$

$$\lambda^{(4)}\max=2, \boldsymbol{w}^{(4)}=\begin{bmatrix}0.780\\0.022\end{bmatrix}$$

$$\lambda^{(5)}\max=2, \boldsymbol{w}^{(5)}=\begin{bmatrix}0.77\\0.23\end{bmatrix}$$

对于判断矩阵$\boldsymbol{A}$：$\lambda_{max}=5.52, RI=0.9, n=4$

$$CI=\frac{\lambda_{max}-n}{n-1}=\frac{5.52-5}{5-1}=-0.01, CR=\frac{CI}{RI}=\frac{0.01}{0.9}=-0.01<0.1$$

对于判断矩阵$\boldsymbol{B}1$：$\lambda_{max}=3.01, RI=0.58, n=3$

$$CI=\frac{\lambda_{max}-n}{n-1}=\frac{3-3}{3-1}=0, CR=\frac{CI}{RI}=\frac{0}{0.58}=0<0.1$$

对于判断矩阵$\boldsymbol{B}2$、$\boldsymbol{B}3$、$\boldsymbol{B}4$，$\boldsymbol{B}5$：$\lambda_{max}=2, RI=0, n=2$

$$CI=\frac{\lambda_{max}-n}{n-1}=\frac{2-2}{2-1}=0, CR=\frac{CI}{RI}=\frac{0}{0}=0<0.1$$

因此判断矩阵均满足一致性要求，此时可用判断矩阵的特征向量代替权向量。因此可得指标权重分布如表 4-13 所示。

表 4-13　管道输水工程技术指标权重分布表

指标	C1 地形坡度	C2 水源水质	C3 取水条件	C4 生产水平	C5 农机化程度	C6 用户综合素质
权重	0.119	0.065	0.036	0.133	0.044	0.098
指标	C7 财政支持力度	C8 用户负担	C9 经济评价	C10 供水保证率	C11 工程老化程度	合计
权重	0.029	0.075	0.021	0.292	0.087	1.00

二、实证分析

(一) 项目区基本情况

以宿迁市某县水稻管道输水灌溉工程技术推广应用适宜性评价为例，该县地处苏北平原西部，地形趋势西高东低，全县总面积为 2 731.4 km^2，丘陵(高亢)地区总面积 684 km^2，占全县陆地总面积 39.6%，其中耕地 55.5 万亩，占全县总耕地面积的 35.35%。人口 111.1 万人，其中农业人口 60.5 万人(劳动力

65.7 万人）。全年实现地区生产总值 401 亿元，增长 9.0%；一般公共预算收入 31.75 亿元，增长 9.0%；城镇居民人均可支配收入 22 953 元、农村居民人均可支配收入 13 625 元，分别增长 8.3%和 9.2%。

通过对该地区进行的调查，可以得出各个指标的数值，通过上述的评价方法计算评价指标值，再根据各个指标的权重，最终得出评价结果。

（二）构造层次分析结构

对于宿迁市管道输水灌溉适宜性评价这个问题来说，层次分析模型主要分成三层，最高目标为判断某地区是否适宜发展低压管道输水；中间层为准则层，即发展低压管道输水主要考虑的 4 个方面准则：自然条件、生产条件、发展条件和经济条件；最后一层为指标层，即各个准则考虑的主要因素。

上文中农田管道输水灌溉工程系统评价体系的层次机构及指标体系已构建完整，具体可见表 4-6。建立层次分析结构后，问题分析即归结为各种因素对于低压管道适宜性的优先次序或重要性排序。

（三）构造判断矩阵

建立层次分析模型之后，通过在各层元素中进行两两比较，构造出比较判断矩阵。

实际上，凡是针对较复杂的决策问题，其判断矩阵是经多位专家填写咨询表之后形成的。专家咨询的本质，在于把专家渊博的知识和丰富的经验，借助于对众多相关因素的两两比较，转化成决策所需的有用信息。因此，专家在填写咨询表之前，必须全面深入地分析每个影响因素的地位和作用，纵览全局，做到心中有数。目标层判断矩阵 A 如表 4-14 所示。

表 4-14　目标层(A)判断矩阵表

A	*B*1	*B*2	*B*3	*B*4
*B*1	1	2	3	3
*B*2	1/2	1	2	2
*B*3	1/3	1/2	1	1
*B*4	1/3	1/2	1	1

准则层判断矩阵如表 4-15 至表 4-18 所示。

表 4-15　准则层(*B*1)判断矩阵表

*B*1	*C*1	*C*2	*C*3
*C*1	1	3	1
*C*2	1/3	1	1/3
*C*3	1	3	1

表 4-16　准则层(*B*2)判断矩阵表

*B*2	*C*4	*C*5
*C*4	1	1
*C*5	1	1

表 4-17　准则层(*B*3)判断矩阵表

*B*3	*C*6	*C*7
*C*6	1	1/3
*C*7	3	1

表 4-18　准则层(*B*4)判断矩阵表

*B*4	*C*8	*C*9
*C*8	1	1/2
*C*9	2	1

(四) 层次总排序及一致性检验

通过式(4-2)～(4-7)计算判断矩阵 **A**、**B**1、**B**2、**B**3、**B**4 的最大特征根和相应的特征向量,计算步骤如下:

$$\boldsymbol{A}=\begin{bmatrix}1 & 2 & 3 & 3\\ 1/2 & 1 & 2 & 2\\ 1/3 & 1/2 & 1 & 1\\ 1/3 & 1/2 & 1 & 1\end{bmatrix}\xrightarrow{\text{列向量归一化}}\begin{bmatrix}0.462 & 0.5 & 0.428 & 0.428\\ 0.230 & 0.25 & 0.286 & 0.286\\ 0.154 & 0.125 & 0.143 & 0.143\\ 0.154 & 0.125 & 0.143 & 0.143\end{bmatrix}$$

$$\xrightarrow{\text{按行求和}}\begin{bmatrix}1.818\\ 1.052\\ 0.565\\ 0.565\end{bmatrix}\xrightarrow{\text{列向量归一化}}\begin{bmatrix}0.455\\ 0.263\\ 0.141\\ 0.141\end{bmatrix}=\boldsymbol{w}^{(0)}\ ;$$

$$\boldsymbol{A}\boldsymbol{w}^{(0)}=\begin{bmatrix}1 & 2 & 3 & 3\\1/2 & 1 & 2 & 2\\1/3 & 1/2 & 1 & 1\\1/3 & 1/2 & 1 & 1\end{bmatrix}\begin{bmatrix}0.455\\0.263\\0.141\\0.141\end{bmatrix}=\begin{bmatrix}1.827\\1.055\\0.565\\0.565\end{bmatrix}$$

$$\lambda_{\max}^{(0)}=\frac{1}{4}\left(\frac{1.827}{0.455}+\frac{1.015}{0.263}+\frac{0.565}{0.141}+\frac{0.565}{0.141}\right)=3.97$$

同理可以计算出判断矩阵 $\boldsymbol{B}1=\begin{bmatrix}1 & 3 & 1\\1/3 & 1 & 1/3\\1 & 3 & 1\end{bmatrix}$，$\boldsymbol{B}2=\begin{bmatrix}1 & 1\\1 & 1\end{bmatrix}$，$\boldsymbol{B}3=\begin{bmatrix}1 & 1\\1 & 1\end{bmatrix}$，$\boldsymbol{B}4=\begin{bmatrix}1 & 1/2\\2 & 1\end{bmatrix}$ 的最大特征值和对应的特征向量依次为：

$$\lambda_{\max}^{(1)}=3,\ \boldsymbol{w}^{(1)}=\begin{bmatrix}0.4285\\0.143\\0.4285\end{bmatrix}$$

$$\lambda_{\max}^{(2)}=2,\ \boldsymbol{w}^{(2)}=\begin{bmatrix}0.5\\0.5\end{bmatrix}$$

$$\lambda_{\max}^{(3)}=2,\ \boldsymbol{w}^{(3)}=\begin{bmatrix}0.5\\0.5\end{bmatrix}$$

$$\lambda_{\max}^{(4)}=2,\ \boldsymbol{w}^{(4)}=\begin{bmatrix}0.333\\0.667\end{bmatrix}$$

对于判断矩阵 $\boldsymbol{A}$：$\lambda_{\max}=3.97, RI=0.9, n=4$

$$CI=\frac{\lambda_{\max}-n}{n-1}=\frac{3.97-4}{4-1}=-0.01, CR=\frac{CI}{RI}=\frac{0.01}{0.9}=-0.01<0.1$$

对于判断矩阵 $\boldsymbol{B}1$：$\lambda_{\max}=3, RI=0.58, n=3$

$$CI=\frac{\lambda_{\max}-n}{n-1}=\frac{3-3}{3-1}=0, CR=\frac{CI}{RI}=\frac{0}{0.58}=0<0.1$$

对于判断矩阵 $\boldsymbol{B}2$、$\boldsymbol{B}3$、$\boldsymbol{B}4$：$\lambda_{\max}=2, RI=0, n=2$

$$CI=\frac{\lambda_{\max}-n}{n-1}=\frac{2-2}{2-1}=0, CR=\frac{CI}{RI}=\frac{0}{0}=0<0.1$$

因此判断矩阵均满足一致性要求，此时可用判断矩阵的特征向量代替权向量。因此可得指标权重分布如表 4-19 所示。

表 4-19　管道输水工程技术指标权重分布表

指标	C1 地形坡度	C2 水源水质	C3 水源水位	C4 生产水平	C5 农机化
权重	0.195	0.065	. 0.195	0.132	0.132
指标	C6 用户素质	C7 财政力度	C8 用户负担	C9 经济评价	合计
权重	0.071	0.071	0.046	0.093	1.00

（五）评价结果

通过分析基本资料和实地调查，可以得出各个评价指标的数值，通过上述的评价方法计算评价指标值，由各个指标的指标值乘以指标对应的权重可得到各个指标的得分，最后把每个指标的得分进行汇总可以得到无锡市管道灌溉工程适宜性评价结果。具体结果见表 4-20。

表 4-20　管道灌溉工程技术适宜性评价结果

指标	权重	指标值	得分
C1 地形坡度	0.195	84	16.38
C2 水源水质	0.065	98	6.37
C3 水源水位	0.195	98	19.11
C4 生产水平	0.132	86	11.352
C5 农机化	0.132	85	11.22
C6 用户素质	0.035	86	3.01
C7 财政力度	0.106	85	9.01
C8 用户负担	0.046	87	4.002
C9 经济评价	0.094	88	8.272
总得分	88.726	—	—

本研究采用乐观评价，将被评价对象分成三个等级。评价分值大于等于 75 是适宜；评价分值小于 75、大于等于 60 是比较适宜；评价分值小于 60、大于等于 0 是不适宜。根据综合评价 88.726 分的总得分，由评价等级的划分可知，该地区适宜发展管道输水灌溉工程技术。

上述打分情况表明，相比较于平原、圩区，丘陵地区的低压管道输水工程技术适宜性更强，管道化建设的目的性更为明确，对于管道化建设的要求更为迫切。首先，由于丘陵地区地形复杂多变，起伏不定，传统的渠系工程为防止输配水过程中水流的冲蚀所引发的塌方事故，所建的渠道都较为平缓，渠系走向较为平顺，但这带来了施工的不便，巨大的填挖方工程量，造成了巨额的工程造价，而低压管道输水系统则克服了这一缺点，管道输水由于不受地形条件变化的影响，对于丘陵地区的适宜性更强，在高度落差大，起伏剧烈的地方，如采取有效的水锤防护措施，控制好各节点的管道内部压力，均可使水流均匀、平顺地在管道中安全流动，保证管道系统的安全运行，除去装填管道的必要工程量外，无须根据地形的起伏来控制布置管道的坡降，避免了大量的施工，相较于渠系工程大大降低了工程投资，虽然地形坡度上相比于平原圩区，在耕地条件等因素上较差，但随着土地平整工作的展开，丘陵地区在管道化的应用环境及改造工程的适宜性上更强，因此，此项的打分相对较高。其次，丘陵地区的生态环境保护更好，地方政府的环保意识较强，水源相较于平原、圩区更为优质，满足管道化输水对于优质水源的要求，首部枢纽工程布置也较为简单，在有些地区甚至不用建设拦污栅等除污装置，极大地降低了工程投资。丘陵地区由于存在水库、塘堰等蓄水工程，利用丘陵地区的高差优势，可进行管道化的自流输水，相较于平原圩区的提水灌溉，进一步地节省了提水系统所带来的投资压力，降低了工程投资与农户的水费负担，故在水源水质、水源水位及经济评价上打分也相对较高。再次，传统的渠系灌溉工程下的丘陵地区的生产水平与农机化水平相较于平原圩区更低，这是由于丘陵地区的土壤土质多为壤土、黏土，受着排水条件的限制，对该地区的田间工程布置产生相当的影响，灌溉与排水沟渠的布置也相较于平原圩区密度更大，耕地分割得更为零散，格田规模也相对较小，而大中型的农机无法在小型格田规模的农田中作业，而只能采用小型农机或人工耕收，这也是丘陵地区的生产水平技术差、农机化效率及普及化低的重要原因。相比较而言，渠系工程采用低压管道化输水，因为管道深埋于地下，在灌溉方面减少了输水系统对耕地的占比，节省了大量的耕地面积，格田规模也较为完整，也为大中型农机上山作业提供了可能，农业生产的集约化和规模化也相对提升，农户的积极性也得到增强，此项也提高了管道化建设的适宜性，获得了较高的分值。最后，传统的渠道由于建设年代久远，加上地区的生态系统良好，杂草、蔷薇等生物对渠道产生破坏，丘陵地区的政府和农户受着地方财政、收入水平等因素的限制，对于一般的渠道清淤工作开展的不够充分，导致渠系输水效率低下，耗费了大量资金提引上山的水流，多半浪费在渠道输水中，有的渠道甚至完全堵塞，输水渠系形同摆设，大大提高了农业灌溉成本，农户对此苦不堪言。实际调查表明，丘陵地区的农户对当地农业灌溉发展需求主要体现在管道输水上，低压管道相对于渠道，其输水效率大大提升，节水效益十分显著。相较于渠系输水的耗水量巨大所带来的财政压力，管道输水在输水效率上远胜于渠系工程，可减少不必要的财政损失，如果管道输水的优势在当地得到宣传并对农户进行教育，地方政府的财政支出力度及用户的接受程度也会相对提高，故此项也得到较高的分值。

综上，丘陵地区的低压管道输水工程技术无论在自然条件、生产条件、发展条件及经济条件都获得较高的分值，在输水工程改造的合理性、管道化应用的适宜性及社会经济环境效益的整体性上都呈现出明显的效果，因此，在丘陵地区大力推广该技术势在必行。

第五章 灌区农田管道输水灌溉工程模式

农田管道输水灌溉以其节水、节能、省地、省工、便于农田运输与机耕、提高浇地速度和质量、减少维修管理工作、易于进行农田基本建设和灌水技术改进等优点，成为诸多节水灌溉技术中最适合我国国情、最受群众欢迎的一种。近20多年来，在我国北方井灌区得到飞速发展。不同于井灌区，南方地区渠灌区的特点是类型多、地形复杂，因此管道输水灌溉系统要适应这些特点，技术上就有许多特殊要求。因此，需要按照技术上可行、经济上合理的原则，宜渠则渠，宜管则管，统筹安排，科学规划管道输水工程。基于此，本章以苏北灌区为例介绍了灌区农田管道输水灌溉工程模式。主要内容为：(1)管道输水工程技术模式；(2)管道输水工程农田适宜布置形式；(3)管道输水工程灌溉适宜规模及工程建设定额。

第一节 管道输水灌溉工程技术模式

一、灌溉类型区划分

对苏北地区灌溉类型区域进行划分，必须充分考虑划分区域内农业水土资源开发条件、农田灌溉现状、农业发展中对节水工程的需求程度等诸多因素，并对地区自然情况以及自然规律有充分的了解，以此给出的划分结果才能更加合理。划分原则具体包括：划分区域内自然地理中比如气候、地貌、地形、土壤等条件基本相似或一致；同一区域内节水农业发展模式及对应的资源条件基本相同；保持区域划分在以结合水利区划、农业区划为前提下的独立性；保留大型水利设施、流域水系、行政区界的完整性。因此为了合理、全面地确定不同地区的农田灌溉工程的技术模式及投资标准，本节以地形条件为依据进行类型区域的划分。

根据地形地貌的不同可以分为平原、圩区以及丘陵区，其灌溉农业的发展具有江苏地区灌溉农业的一般性以及自身的特殊性，因此以地形地貌作为研究对象进行类型区域的划分。各类型地区自然、生产条件以及经济社会发展水平存在着差异，影响管道输水灌溉系统类型、配套技术选择，同时决定着管道输水灌溉工程的适宜建设规模。

（一）平原地区

平原地区土层较厚，有一定肥力，土壤类型多样，所以适宜种植粮食和各类经济作物。该地区多以河道作为灌溉水源进行提水灌溉，由于地形平坦，耕地集中连片，所以田块规格相对较大，适合发展规模农业生产。目前该地区的农田水利建设相对滞后，灌溉规模不大，节水工程单一，多以渠灌为主，灌溉水利用率较低，并且在农田水利工程建设方面资金投入不足。在该区可以结合当地地形平坦、耕地集中的特点进行管道输水灌溉工程建设，有效促进该地区节水灌溉农业的发展，推动该地区农业集约化、规模化经营。

（二）河网圩区

苏北地区有局部地区由于地势低洼，加之受国家大型工程遗留问题影响，地面高程低于河湖正常水位线以下，这些洼地失去自排能力，被迫划作圩区。中华人民共和国成立后，国家和地方共同投资进行了洼地治理，通过挖沟筑堤，圈圩建站，基本达到了洪涝分治、梯级控制，较好地解决了上下游、左右岸、高低地、洪与涝、排与灌、引与蓄等诸多矛盾。但是，由于种种原因，目前治理标准仍然偏低，不适应当前农村、农业发展的形势。该地区以河网作为灌溉水源，由于地势较低洼，不具备自流灌溉的条件，多以小型提水灌溉为主，由于地势平坦，泵站扬程相对较低。该地区农业发展特点是耕地分布比较零星，连片规模较小，以小农户种植、家庭承包经营为主，存在水稻与蔬菜轮作的特点。在河网圩区发展管道输水灌溉工程建设，在适应当地自然条件的基础上，不仅可以有效缓解耕地资源紧张的现状，而且可以利用圩区粮经兼作等特点，充分发挥管道输水灌溉技术所带来的效益。

（三）丘陵岗坡地区

苏北地区丘陵区可分为低山丘陵和岗坡地两类。其中岗坡地等地形平缓地区经过长期开垦，大部分已形成岗、塝、冲耕地组合，目前在江苏丘陵区种植农业中占主导地位。在河谷洼地地区，一般采用小型提水灌溉，在岗坡地则以蓄为主，多修建塘堰以及中小型水库，并在塘、库周边建补水站，以缓解蓄水不足所带来的灌溉水源紧张的压力。河谷洼地以粮食蔬菜作物为主，岗坡地以旱作物和林、果、茶树为主。该地区地形复杂，种植规模较小，中低产田较多，农业基础设施薄弱，并且农业生产水平偏低，由于水资源紧张，灌溉成本普遍偏高。在该区大力发展管道输水灌溉工程，能适应岗坡地复杂多变的地形，提高灌溉水利用系数，缓解用水压力。

二、管道输水灌溉工程技术模式

结合上述分区的特点，因地制宜，给出不同分区下包括水源、管系、田间工程等完整的技术集成模式。其中根据水源条件来确定灌区的取水方式以及管网运行方式；根据农田集中程度确定适宜控制规模以及管网级别构成；根据田块规格和作物种类确定田间布置形式以及灌水方式；根据当地管材工业发展水平以及机械作业水平来确定管材、管件及配套建筑物。

（一）平原区管道输水灌溉模式

平原地区因地域不同，水源取水方式各异。自流灌溉地区由于自流灌溉水头较小，难以适应管道输水灌溉技术发展要求。对于以河流作为灌溉水源的小型提水灌区，发展管道输水时能适应其特点，满足输水过程的水头损失要求。对灌溉水源水质较好的灌区，采用封闭式管道输水系统，选用农用灌溉塑料管材；当灌溉水源水质条件较差时，一般采用开放式系统，管材选用加筋机制混凝土管。上述两种方式下管道输水系统通常由干、支两级管道构成，直接从灌溉支管上的出水口取水灌溉；为了减少管道系统投资，多采用管渠集合的方式，管道输水进入农田输水渠道配水到田间。

（二）河网圩区管道输水灌溉模式

圩区由于河流水位受季节变化影响较大，普遍采用提水泵站进行农田灌溉。圩区的地下水位较高，施工存在难度，工程施工成本增加。圩区的农业发展特点是耕地分布较为零星，连片规模小，以小农户种植、家庭承包经营为主。当地塑料管材工业发达，机械化作业水平较高，在对灌溉水源进行拦污、过滤处理后，可采用封闭式塑料管道输水灌溉系统。低压管道输水灌溉系统由干、支、配三级管道组成，管道工作制度采用轮灌方式。管径选择时塑料管的最大管径不宜超过 630 mm，否则不仅造成施工难度加大，还会大大增加管道的工程投资。圩区除单一粮食作物生产地区外，对于兼顾粮食作物和经济作物的地区，采用水稻和塑料大棚（或露地）蔬菜轮作的方式，采用封闭式塑料管道输水灌溉系统。水稻灌溉期由取水口灌水入田，对于蔬菜的灌溉可采用移动软管接入给水栓进行浇灌，或连接喷灌带和滴管设备进行灌溉。

（三）丘陵岗坡地管道输水灌溉模式

丘陵山区低压输水管道应用模式分为以水库为水源地的自压管道输水和以河流为水源的机压提水输水灌溉。管道灌溉系统一般由首部提水系统、输水系统和田间配水系统组成，其输水系统一般采用塑料管道（UPVC、PE）、铸铁管、钢筋砼管或者其他硬质管材；配水系统一般采用PVC硬管材，另外还辅助以给水栓及移动软管等田间配套设施。它具有设计简便、易于掌握、投资少、施工简单、管理方便、单次灌溉时间短、节省水量等优点，因而在缺水的山区被广泛采用。

在丘陵山区，管道灌溉工程一般以井水、塘坝水及河道水为水源，主要为提水灌溉工程，需要外加动力，支付能耗费和机电设备维修费，管路设计和工程施工也较为复杂，因而其建设投资比自流灌溉工程高。同时，也存在以水库为水源地的自压灌溉方式，借鉴于重力流远距离的低压管道输水经验，在丘陵山区亦可采用此法，利用岗上的水库、塘堰将上游水或雨水积蓄起来，依托山区的地理落差，需要灌溉的时候将水放开，使其顺着渠道自上往下灌溉。这种灌溉方式的关键在于确保水源的稳定。其建设投资相比提水灌溉工程无须支付动力、能耗费及机电管理费等其他费用，不需要额外的提引动力或较复杂的水系渠道，节省了泵站在运行过程中的检修费用，减少了设计施工的诸多不便，大为减少农业成本，提高了农业经济效益，但在选址设计时须着重考虑项目实施的可能性，优化管道布置模式及保证管径配置的合理性，确定最佳灌溉面积，最大程度上提升经济效益。

第二节　管道输水灌溉工程农田适宜布置形式

一、布置形式和规格

沟、管、路的布置形式应符合当地的自然条件以及农业生产条件，满足工程配套要求，使得各部分之间彼此协调，并从经济角度出发，确保输水路径最短、投入最省、便于管理、生产效率高等。

(一) 灌、排、降系统组合形式

(1) 暗灌、明排、明降。采用地下管道输水灌溉，明沟进行排、降，省去渠道占用的耕地，节水、便于操作，适用于河网圩区及岗坡地等耕地紧张地区。

(2) 暗灌、暗降、明排。在河网圩区等地下水位较高地区，采用通常的明沟系统控制地下水位效果差，如加密、加深排水沟道，耕地压废较多，故明沟排涝、暗管降渍是有效措施，节水、省地、耕作方便，控制灵活，系统投入成本较高，苏南等经济发达地区比较适用。

(二) 沟、管、路的布置形式

(1) 单向灌排。适用于岗坡地等单一坡向地区。当地形坡度较大时，由于在垂直等高线上布置条田，会使灌溉与排水遇到相应阻碍，因此采用斜向布置，以便能减小坡度，充分利用地形进行灌溉排水。单向灌排时，沟管相邻，向一侧灌排。由于管道埋于地下，所以采用沟—路—管的形式，有利于农机快速下田，并且便于沟道排水，减少投资。

(2) 双向灌排。适用于地势比较平坦的地区，如平原区、河网圩区等。此种布置方式可以充分利用地形，采用双向灌排，减少管道铺设长度，有效节省投资。由于此种布置方式控制地下水位的排水沟距较大，应再增加一级毛沟，利于排、降。通常将灌溉输水管道结合道路布置，避免建造过路涵洞，减少投资。

(三) 田块规格

江苏地区田块形状主要以长条形为主，田块宽度约为 30～50 m，田块长度由于各分区下种植模式、耕地土壤类型不同而分为以下几类。

(1) 平原区。田块形状主要以长条形为主，平原田块长度一般为 100～150 m，格田宽度 30 m 左右；规模化地区，规模化经营灌区的田块长度一般为 400～650 m，格田宽度 50 m 左右。

(2) 河网圩区。大田粮食作物区，田块长度为 80～100 m，条田宽度 30～50 m 左右。粮经轮作区田块长度为 40～50 m。

(3) 丘陵区。由于丘陵地区地形复杂，田块难有统一的规格标准，因此田块规格应视管道应用地区实际情况而定，在进行管道布置时，也应该充分结合当地地形，采用合理的布置方式。

二、工程适宜布置形式

不同地区管道输水灌溉工程农田管网的布置形式应依据水源、地形、田块规格等因素合理确定。

(一) 平原地区

平原灌区按沟—路—管的形式布置，且一般为灌排相邻布置。灌溉泵站控制面积为 300～650 亩。支沟间距 180～240 m，斗沟间距 100～150 m，农沟间距 30～40 m。每个农沟控制面积 4.5～9 亩，支管沿田间道路布置，农机由路直接下田。支管每 30～40 m 设置取水口，灌溉水由取水口流入田块，田间固定管道的亩均长度宜为 8～13 m/亩。其中，由于水源位置大多分布在河、沟、渠的一侧，这就决定了布置形式又有“梳齿式”和“鱼骨式”之分，如图 5-1 和图 5-2 所示。

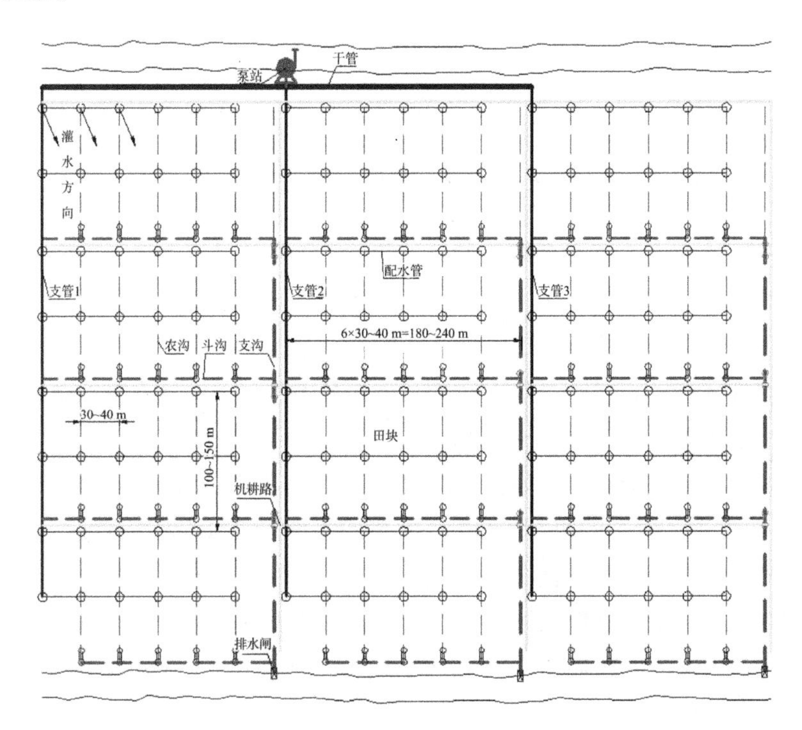

图 5-1　平原提水灌区“梳齿式”管道输水灌溉系统布置形式

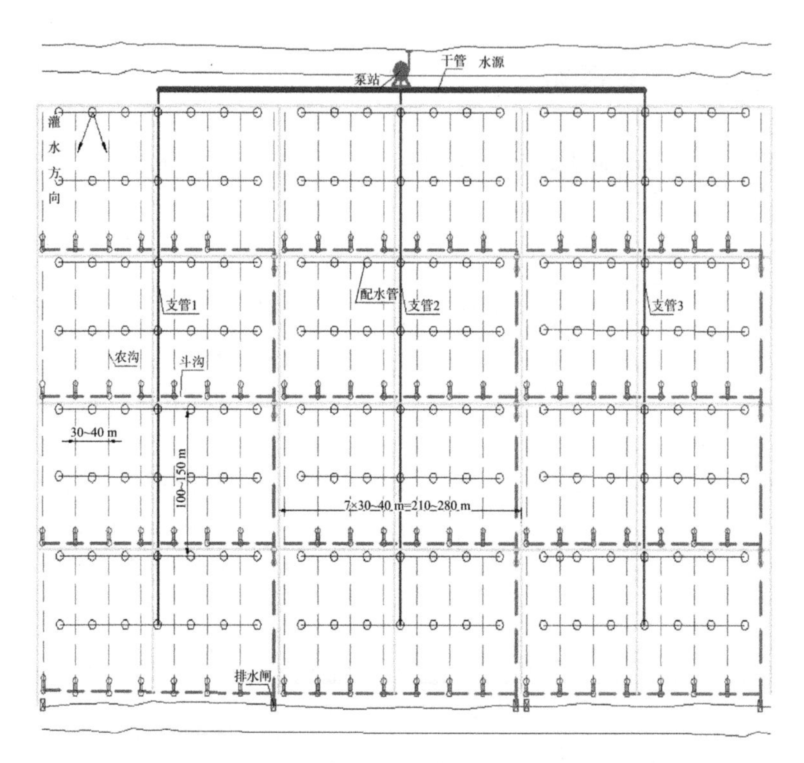

图 5-2　平原提水灌区“鱼骨式”管道输水灌溉系统布置形式

从图 5-1 和图 5-2 中比较可知,“梳齿式”支管向一侧输水,“梳齿式”比较适合地形向一侧倾斜的地区,鱼骨式比较适合在地形平坦或有略微地形起伏的地区。且由于“鱼骨式”较“梳齿式”配水管流量仅为梳齿式的 1/2,因而可以采用较小的管径,可以节省大量的管网投资;同时由于“鱼骨式”支管向两侧供水,如一侧发生损坏,不影响另外一侧供水。

在形成规模的沿运平原灌区,斗沟间距 400～650 m,农沟间距 50 m。每个农沟控制面积 30～50 亩,每个灌溉泵站控制面积为 1 500 亩左右。支管沿田间机耕路布置,农机由机耕路直接下田。该区耕地土壤质地较轻,主要为沙土和砂壤土,一般采用管渠结合的形式。配水管每隔 50 m 再设置一个出水口。出水口放水入农渠后再由农渠上每 40 m 一个的放水口向农田配水,灌排分开。田间固定管道的亩均长度近 2 m/亩,如图 5-3 所示。

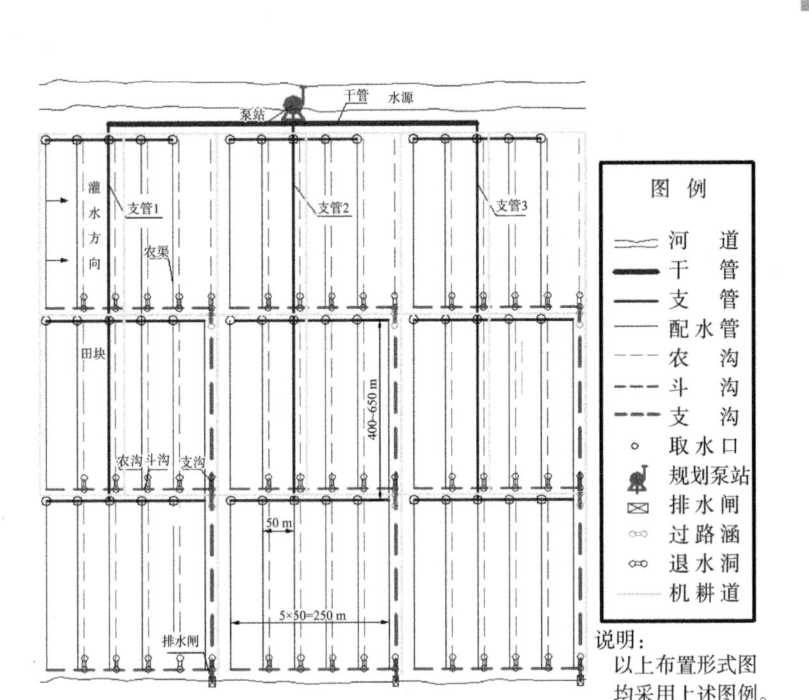

图 5-3 规模化经营灌区管道输水灌溉系统布置形式

(二) 河网圩区

圩区粮食作物生产区主要以种植水稻为主,可根据经营方式不同分为规模化和分散型两种情况,规模化方式下其条田规模与分散型经营方式下相比更大一些。圩区的粮经兼作区主要采用水稻和蔬菜的轮作模式,该模式下生产单元较前两种更小一些。考虑圩区的特殊性,地势低洼且地下水位较高,应注重排涝,加密、加深排水沟,故粮食生产区分散型经营模式下可采用单向灌排形式及暗灌、明排、明降的组合形式,规模化后土地平整,可采用双向灌排形式及暗灌、明排、明降的组合形式,粮经兼作区生产单元较小,所以既可考虑单向灌排形式也可考虑双向灌排形式。

分散型的粮食作物生产农田,采用低压管道灌溉方式供水,斗沟间距100 m左右,农沟间距40 m左右,机耕道间距约100 m,支管沿机耕道布置,农机由机耕路直接下田,支管间距100 m左右,支管上每40 m设置1个取水口,灌溉水由取水口直接流入格田进行灌溉。斗沟深1.5 m、底宽0.4 m、坡比1∶1.5;农沟深1.0 m、底宽0.3 m、坡比1∶1.25。田间工程布置模式如图5-4所示。

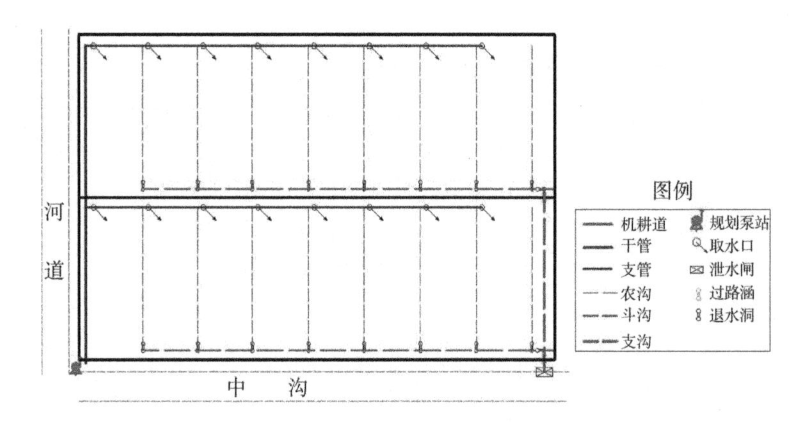

图 5-4　分散型粮食作物生产区管道系统布置形式

规模化的粮食作物生产农田，采用低压管道灌溉方式供水，考虑两种布置形式，即单向灌排形式和双向灌排形式。单向灌排模式下农渠（沟）长约 200 m，间距约为 40 m，农渠与农沟之间有田埂相隔，斗沟间距约为 200 m。机耕道间距约 200 m，支管沿机耕道布置。支管向农渠分水处设置取水口，支管上每 40 m 设置 1 个分水口。田间工程布置模式如图 5-5 所示。

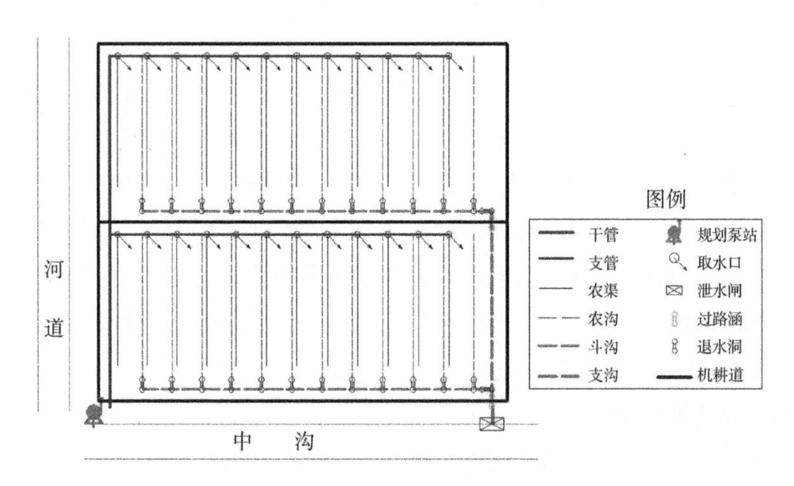

图 5-5　规模化粮食作物生产区管道系统布置形式(单向灌排)

双向灌排模式下斗沟间距约 200 m，农沟间距约 40 m，机耕道间距约 200 m，支管沿机耕道布置，农机由机耕路直接下田，支管间距约为 200 m，支管上每 40 m 设置 1 个取水口，灌溉水由取水口直接流入格田进行灌溉。斗沟深 1.5 m、底宽 0.4 m、坡比 1∶1.5；农沟深 1.0 m、底宽 0.3 m、坡比 1∶1.25。田间工程布置模式如图 5-6 所示。

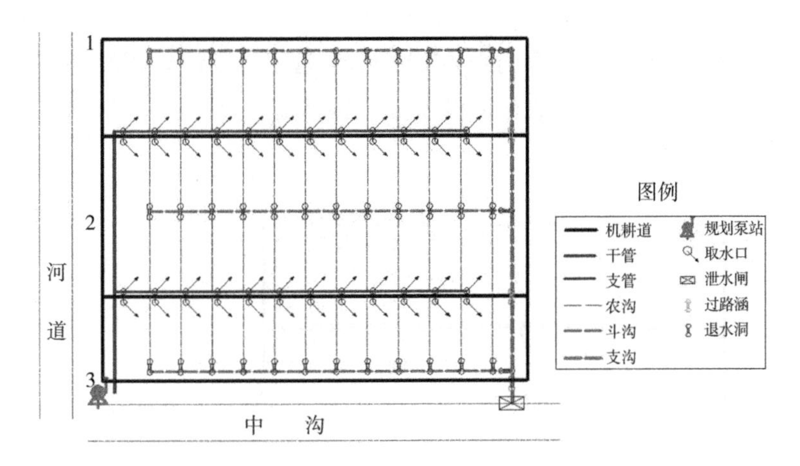

图 5-6　规模化粮食作物生产区管道系统布置形式(双向灌排)

粮经作物轮作区，主要采用水稻与蔬菜的轮作模式，采用低压管道灌溉方式供水，以标准大棚规格 50×6 m 作为田块尺寸，每 4 个大棚一组，每组间距约 30 m，组间设置排水农沟。考虑两种布置形式，即单向灌排形式和双向灌排形式。单向灌排形式下排水斗沟与支管相邻布置，斗沟间距约 50 m，农沟间距约 30 m，支管沿机耕道布置，农机由机耕路直接下田，支管间距约 50 m，支管上每 30 m 设置一个给水栓，直接灌溉水田或接移动软管浇灌蔬菜，田间工程布置模式如图 5-7 所示。考虑到粮经兼作区生产单元较小，为方便机械化作业，减少

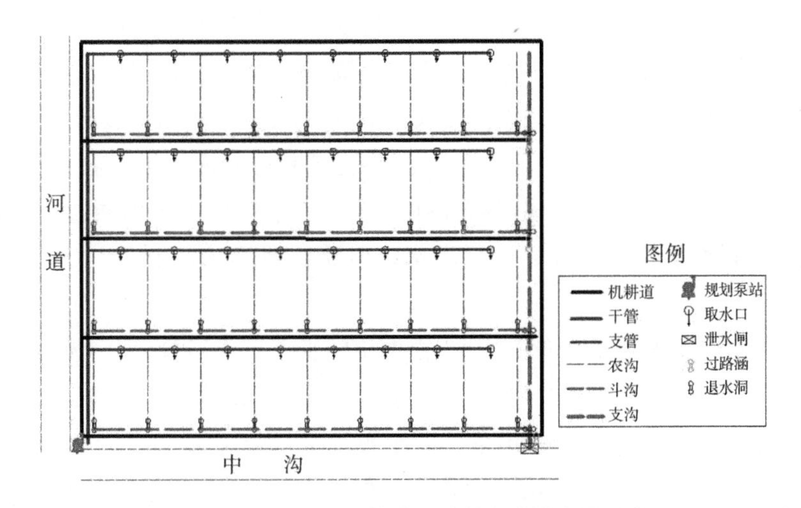

图 5-7　粮经兼作区管道系统单向灌排布置形式

管道铺设长度，排水斗沟与灌溉支管可以相间布置，采用双向灌排形式，斗沟间距约 100 m，农沟间距 30 m，每个农沟控制面积 2～3 亩。支管沿机耕道布置，农机由机耕路直接下田，支管间距约 100 m，支管上每 30 m 设置一个给水栓，位于每组大棚中间位置处，直接灌溉水田或接移动软管浇灌蔬菜，田间工程布置模式如图 5-8 所示。

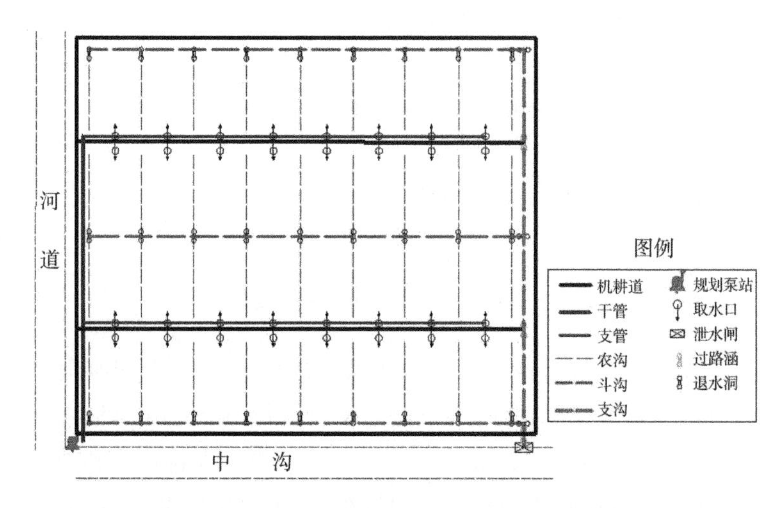

图 5-8　粮经兼作区管道系统双向灌排布置形式

（三）丘陵地区

在水库自压灌溉区种植作物主要为水稻。水库灌区地形平坦，土地整治程度良好，其田间工程布置方式可按照平原提水灌区管道布置系统。灌溉区域位于岗坡地，由放水涵洞引用水库水源进行灌溉，放水涵洞由进口段、管身和出口段三部分组成，水库进口建筑物为塔式进水口，水库输水洞出口接分岔管，在分岔管处安装闸阀进行控制。管道输水灌溉区具有控制面积大，均一坡度的特点，故采用树状管网布置方式，其管网由干管、支管组成，必要时可加一级配水管。田间灌水可采用给水栓进行灌水。但受其地形的限制，生产单元规模较小。

由水库现场水闸涵洞布置情况，根据田间工程布置经验，采用灌排相邻的布置模式，全管道化的条田规模设计为 300×150 m，格田规模设计为 50×150 m，斗沟间距设计为 300 m，农沟间距布置在 100～150 m 左右。支管沿田间道路布置，农机由路可直接下田作业。配水管每 50 m 设置给水栓，灌溉水由取水口流入田块。

根据渠管结合的输水方式的改造目的，农渠管道化的渠管结合灌溉系统是指对农渠进行管道化改造，干、支、斗渠为原有渠系，其布置模式如图 5-9 所示。

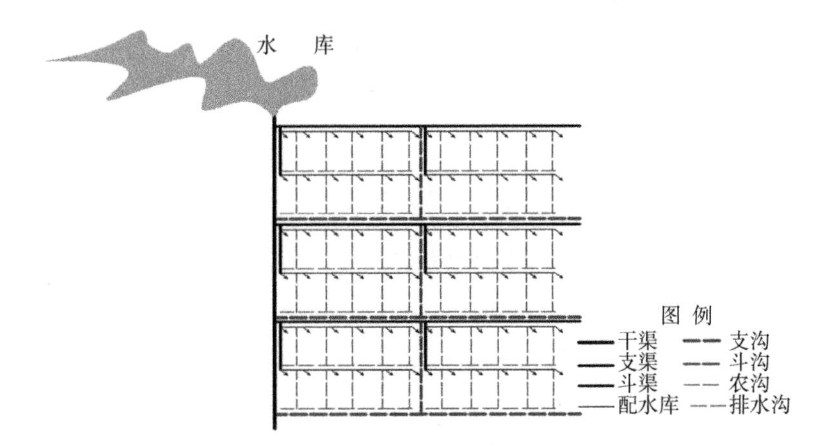

图 5-9　研究区农渠及以下管道化输水工程模式图

根据渠管结合的输水方式的改造目的，农渠管道化的渠管结合灌溉系统是指对斗、农渠进行管道化改造，干、支渠为原有渠系，其布置模式如图 5-10 所示。

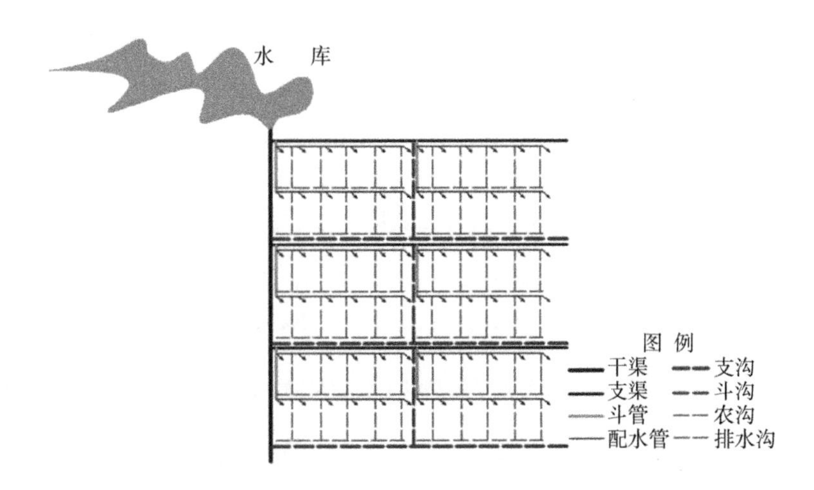

图 5-10　研究区斗渠及以下管道化输水工程模式图

根据渠管结合的输水方式的改造目的，支渠及以下管道化的渠管结合灌溉系统是指对支、斗、农渠进行管道化改造，干渠为原有渠系，其布置模式如图 5-11 所示。

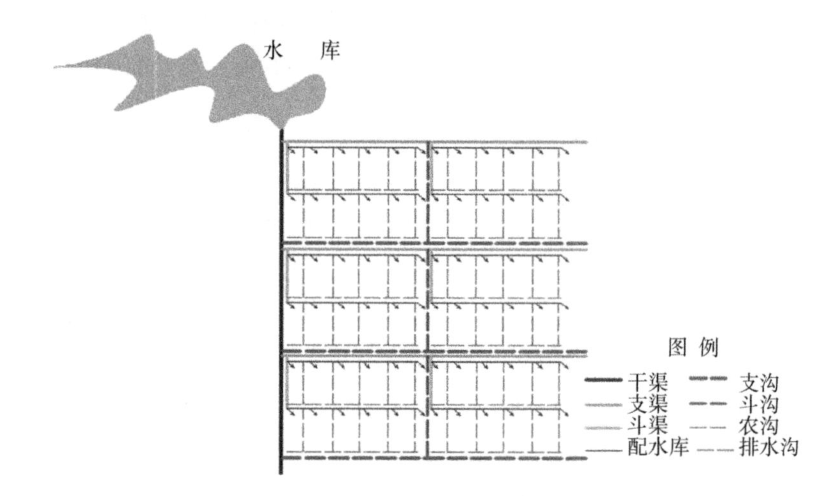

图 5-11 研究区支渠及以下管道化输水工程模式图

根据渠管结合的输水方式的改造目的，干渠及以下管道化的渠管结合灌溉系统是指对干、支、斗、农渠进行管道化改造，其布置模式如图 5-12 所示。

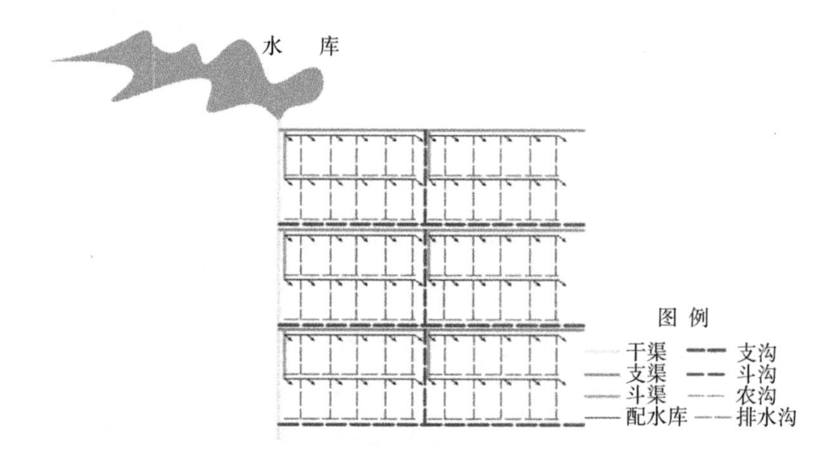

图 5-12 研究区干渠及以下管道化输水工程模式图

全管道化的输水模式下，统一划分为 2 个轮灌组，由放水涵洞引水入干管，干管上每隔 160 m 设置支管。支管上每隔 60 m 布置一根配水管，配水管长度 120 m，每根配水管上布置 5 个取水口，取水口间距 30 m，单侧灌水。干管沿东西向布置，支管垂直于干管南北向布置，共有 2 根支管，如图 5-13 所示。

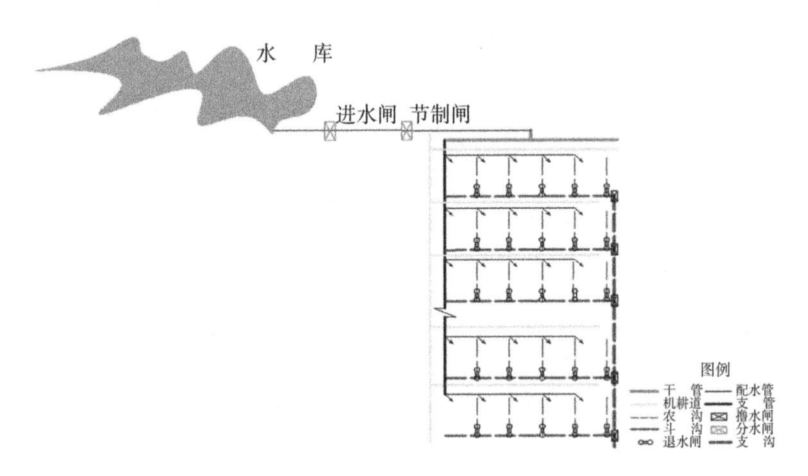

图 5-13　管网布置模式图(一个轮灌组)

多级提水泵站的丘陵区,采用“梳齿形”的管网布置形式,由放水涵洞引水入干管,干管上每隔 200 m 设置支管。支管上每隔 60 m 布置一根配水管,配水管长度 160 m,每根配水管上布置 4 个取水口,取水口间距 40 m,单侧灌水。干管沿东西向布置,长度为 200 m,支管垂直于干管南北向布置,共有 2 根支管,每根支管长度为 600 m。布置模式如图 5-14 所示。采用“鱼骨形”的管网布置形式,由放水涵洞引水入干管,干管上分配东西两对支管,干管间距 720 m 设置支管。支管上每隔 60 m 布置一根配水管,配水管长度 680 m,每根配水管上布置 18 个取水口,取水口间距 40 m,单侧灌水。干管沿南北向布置,长度为 540 m,支管垂直于干管东西向布置,共有 2 根支管,每根支管长度为 120 m。布置模式如图 5-15 所示。

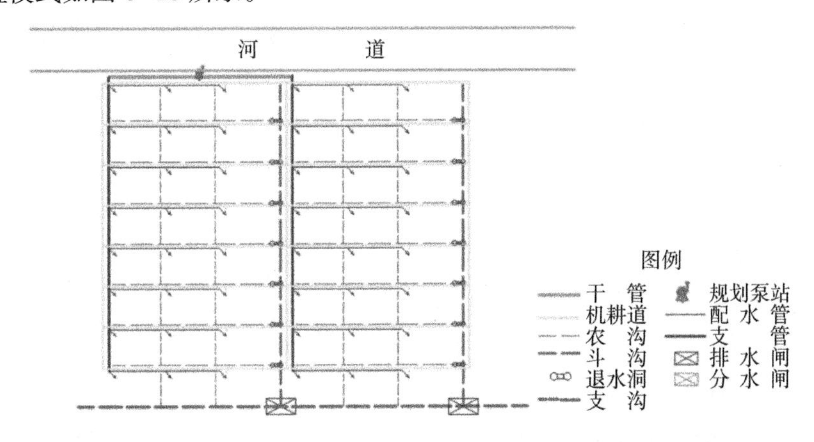

图 5-14　提水灌区低压管道输水灌溉工程平面规划布置图(梳齿形)

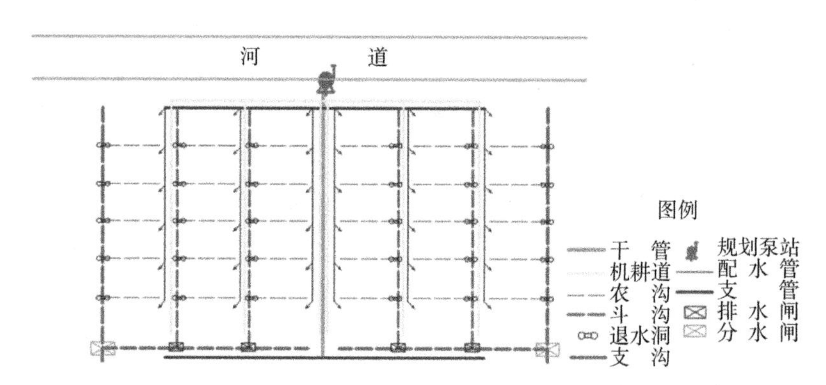

图 5-15 提水灌区低压管道输水灌溉工程平面规划布置图(鱼骨形)

第三节 管道输水灌溉工程适宜规模及工程建设定额

一、管道输水灌溉工程模拟

不同布置模式下水源条件的优劣、作物需水量的多少以及田块规格的大小将影响管道及配套建筑物的布置,同种布置模式下不同的灌溉控制规模将影响输水管径大小和配套建筑物的数量,这些变化在技术上直观地反映为亩均管道长度以及相应配套建筑物的个数,在经济上则反映为亩均投资以及适宜控制规模。结合工程设计规范,从工程模拟角度出发,以封闭式农田管道输水灌溉工程为例,对苏北地区不同管道布置模式进行投资概算,将上述相关指标表达出来。

(一) 农田低压管道机泵选型

(1) 设计参数

①灌溉设计保证率

根据该地区的自然条件和经济条件及《管道输水灌溉工程技术规范》(GB/T 20203—2017),取灌溉设计保证率为95%。

②灌溉水利用系数

根据《管道输水灌溉工程技术规范》(GB/T 20203—2017),管道系统水利用系数取 0.95，在田间工程配套齐全、灌水方法合理、灌水定额适当的基础上，水稻灌区田间水利用系数为 0.95，经计算，最后取灌溉水利用系数为 0.91。

③灌溉制度

根据当地灌溉试验资料，该灌区全部种植水稻，泡田期水稻田灌水定额 m 取 100 m^3/亩。灌水延续时间与作物种类、灌区面积大小及农业生产劳动计划等因素有关，该灌区取灌水延续时间 T 为 4～6 天，系统每天工作时间为 20 小时。

（二）设计灌水率

根据设计灌水定额、灌溉面积、灌水周期和每天的工作时间可计算灌溉设计流量。灌溉系统的设计流量应满足需水高峰期多种作物同时灌水的需求。灌水率是指单位农田管道输水灌溉面积上的净灌水流量，单种作物某次灌水的灌水率可按下式计算：

$$q_i=\frac{a_i m_i}{0.36T_i t} \tag{5-1}$$

式中：q_i——第 i 种作物的灌水率，m^3/(s·万亩)；

a_i——灌水高峰期第 i 种作物的种植比例（%）；

m_i——灌水高峰期第 i 种作物的灌水定额，m^3/亩；

T_i——灌水高峰期第 i 种作物的一次灌水延续时间，d；

t——系统日工作小时数，h/d。

水泵设计流量可按下式计算：

$$Q=\frac{q_{设}A}{\eta} \tag{5-2}$$

式中：$q_{设}$——作物设计灌水率，m^3/(s·万亩)；

A——设计灌溉面积，万亩；

η——灌溉水利用系数，取 $\eta=0.95$。

（三）灌溉工作制度

灌溉工作制度是指管网输配水及田间灌水的运行方式和时间，是根据系统的引水流量、灌溉制度、畦田形状及地块平整程度等因素制定的。有续灌、轮灌和随机灌溉三种方式。

系统轮灌组数目是根据管网系统灌溉设计流量、每个出水口的设计出水量及整个系统的出水口个数按式（5-3）计算的；当整个系统各出水口流量接近时，式（5-3）可简化为式（5-4）。

$$N = \mathrm{int}\left(\sum_{i=1}^{n} Q_i / Q_o\right) \tag{5-3}$$

$$N = \mathrm{int}(nQ_{出} / Q_o) \tag{5-4}$$

式中：n——轮灌组数；

Q_i——第 i 个出水口设计流量，m^3/h；

int——取整符号；

N——系统出水口总数；

$Q_{出}$——各出水口流量相近的出水口流量，m^3/h；

Q_0——灌溉系统设计流量，m^3/h。

（四）管道设计

（1）管径设计

在确定管径时，都应该满足以下内容：①管网任意处工作压力的最大值应不大于该处材料的公称压力；②管道流速应不小于不淤流速（一般取 0.5 m/s），不大于最大允许流速（通常限制在 2.5～3.0 m/s）；③设计管径必须是已生产的管径规格；④树状管网各级管道管径应由上到下逐级逐段变小。本次采用经济流速法进行估算：

$$D_{设} = 18.8\sqrt{\frac{Q}{V}} \tag{5-5}$$

式中：$D_{设}$——管道直径，mm；

Q——管道设计流量，m^3/h；

v——适宜流速，m/s。

根据相关研究，下表给出了不同管材经济流速的参考值：

表 5-1　不同管材经济流速表

管材	混凝土管	石棉水泥管	水泥沙土管	硬塑料管	移动软管
流速(m/s)	0.5～1.0	0.7～1.3	0.4～0.8	1.0～1.5	0.5～1.2

（2）管网水利计算

管道沿程水头损失即管路摩擦损失水头，它发生在管道均匀流的直线段，是由于水流与管道内壁摩擦而消耗的机械能。管道的沿程水头损失按下式计算：

$$h_f=f\frac{Q^m}{d^b}L \tag{5-6}$$

式中：h_f——沿程水头损失，m；

f——管材摩阻系数；

L——管长，m；

Q——管道流量，m^3/h；

d——管内径，mm；

m——流量指数；

b——管径指数；

L——管道工作长度，m。

根据《农田低压管道输水灌溉工程技术规范》(GB/T 20203—2006)，由于灌溉管网中采用的一般为硬塑料管，故上式中参数取值 $f=9.48\times10^4$，$m=1.77$，$b=4.77$，经济流速选取为 1.2 m/s。

局部水头损失一般以流速水头乘以局部损失系数来表示。管道系统的总局部水头损失等于管道上各局部水头损失之和。在实际工程设计中，为简化局部水头损失的计算，通常取沿程水头损失的 10%～15%。

等间距、等流量分流的管道称作多孔出流管（简称多孔管）。一般先计算沿程流量不变（不考虑分流）时的沿程水头损失 h_f 再乘以一个小于 1 的折减系数（多口系数）F，即得多孔管的沿程水头损失：

$$H_f=F\cdot h_f \tag{5-7}$$

多口系数 F 与出水口数目、孔口位置及流量指数有关，计算公式为：

$$F=\frac{NF_1+x-1}{N+x-1} \tag{5-8}$$

$$F_1=\frac{1}{m+1}+\frac{1}{2N}+\frac{\sqrt{m-1}}{6N^2} \tag{5-9}$$

式中：m——所采用的沿程水头损失计算公式中的流量指数；

N——管上出水口数目；

x——第一个出水口到管道进口距离 l_1 与出水口间距 l 的比值，即 $x=l_1/l$；

F_1——$x=1$ 时的多口系数。

给水口设计采用孔口出流公式：

$$q = \mu A \sqrt{2gH} \tag{5-10}$$

式中：q——孔口出流量，取 $2.63 \times 10^{-3}\ m^3/s$；

μ——流量系数，取 0.7；

A——孔口断面面积，m^2；

H——水压力，出口压力按 0.5 m 计。

(3) 水泵选型

水泵的设计扬程为：

$$H = H_m + \sum h_f + \sum h_j + \Delta z \tag{5-11}$$

式中：H_m——主干管入口工作水头，m；

$\sum h_f$——水泵吸水管路的沿程水头损失之和，m；

$\sum h_j$——水源到主干管入口所有局部水头损失之和，m；

Δz——水泵安装高程与水源水位之高差，m。

水泵从河道提水，河平均水位与地面高程差 Δz 取 1.5 m，水泵管路吸水管、出水管路及首部水头损失取损失 1.0 m。

(4) 灌溉管道经济流速

随着科学技术的发展和地区经济实力的不断增强，低压管道具有的输水效率高、节约水资源、节地省工的优势被广泛重视，在农业输水灌溉领域的应用趋势与日俱增。在实际灌溉规划和项目投资过程中，针对不同级别管道的流量及工作压力条件，工程设计人员可根据水力特性选择适用的管材，技术性因素考虑得较为成熟。然而，很难针对某种管材确定适宜的管径，盲目地决策往往造成管道系统的投资或运行成本相应地增加，经济性因素考虑略显不足。由动力能耗的费用公式得知，在一定的灌溉规模下，影响能耗费用的主要因素是水泵的扬程，而决定水泵扬程的关键在于管网的水头损失，管网的水头损失量与管径的选取有关。采用大口径的管道虽然省去了大量的能耗费用，但其管道系统在工程建设中造价过高，造成极大的投资浪费，加重地方财政压力，而选用较小的管径，虽然在建设成本上节约了投资，但后期的运行费用却大幅增加，加大了农业成本，加重了农户的负担。

对此，为了平衡地方财政与农户生产成本之间的收支关系，工程设计人员根据实际经验探索出一套经济流速参考标准，据此选取的经济管径，在一定程度上缓解了政府财政压力及农户的水费负担。然而,农业灌溉管网多半采用的是给水工程管道的经济流速标准,有的甚至以不冲不淤流速作为标准来确定管径,未能形成一套适用于当地灌溉管网的经济流速标准。再者,由于不同地区的各种管材价格、施工安装情况、施工劳务费用差异较大,或者是同地区的管道在用途上存在差异,又或者是同地区同种用途的管道在服务对象上的不同,忽略具体应用环境而套用同样的经济流速,选用管材及设计管径时则显得不合时宜。此外,为在一定程度上满足各地区各行业的管道设计要求,拟定的经济流速标准同样存在较大的选择空间,工程设计人员根据现有流量规模很难选取适宜的流速,在宽泛的经济流速标准内选取流速具有一定的随意性,体现不出经济流速的经济性,设计规范有失参考。为此,亟待建立针对特定地区具体情况的基于流量规模确定经济流速参考范围的灌溉管网仿真模型,并寻求一套更为完善的经济流速判定标准,在满足灌溉要求的前提下,体现出工程设计的经济性。

①影响经济流速设计标准的因素

灌溉管网的经济流速是指在管道的设计与取值中,基建投资费用与运行动力费用值总和最小时的设计流速,是灌溉管网管径确定的主要参数。现有规范中的经济流速参考值忽略了空间与时间上的差异,制定的流速范围过于宽泛。经济流速的影响因素主要体现在管道设计的用途及服务对象、管材型号的性能参数、各地区管道综合造价情况以及灌溉管网的设计参数上,分为以下四点内容着重阐述。

a. 管道系统的对象不同

压力管道应用范围广泛,大到重工业输油输气管道系统,小到城市农村供水灌溉管网系统。由于输送的流体不同,管网系统在各种介质中的参数指标不同,因此,不同介质及管材的流速标准亦不同。化工工业中的管道系统,管道压力大、输送距离远、选用管径大,所制定的流速标准范围较大;城市生活供水管网系统,管道流量受供水能量变化系数的影响较大,管道设计压力小,但管道布置面积广、管路复杂,对经济流速标准的研究较多;农业灌溉管网系统,管道压力小、输水距离近、管路简单,制定的流速标准范围较小。

b. 管材的性能指标不同

管材的选择应根据当地的具体情况,如地质、地形、气候、运输、供应及使用环境和工作压力等条件,结合各种管材的特性及使用条件进行选择,并根据不同的水力特性制定相应的经济流速范围。

UPVC 的耐腐蚀性及柔软性较好,有利于保护水质不受管道的二次污染,管道内壁光滑，阻力小，拥有较好的水力条件，内壁光滑液体流动不易结垢，使用寿命长。重量轻，运输方便，施工简单便捷，节省了工时和人工费用。管径通常选用在 20～600 mm 之间，主要用于灌溉规模较小或末级管网系统。

PE 管拥有比 UPVC 管更好的水力条件，缺点是价格过高。主要用于对水质及水力特性要求较高的喷、微灌系统。

钢管承压性较强，强度高，韧性好，能适应复杂且恶劣的地质环境。但防腐蚀性能较差，施工时须进行防腐操作，施工费用高，工艺复杂，水力性能差，输水能耗高，整体造价较高，不宜大规模的铺设应用，主要用于大规模管网的主干管输水系统。

球墨铸铁管抗拉强度高、韧性好、延伸率高，耐冲击、耐振动、耐高压，耐腐蚀性比钢管好，造价比钢管低，施工方便，不需要现场焊接机防腐操作，用途与钢管相同，比钢管更具实用性。

c. 管道综合造价的时空差异性

管道的综合造价是指当地的管道价格及人工劳务费的总和，按每米价格计算。同种管材的综合造价随地区不同存在较大的差异性，同一地区的不同种管材的管道综合造价也因施工安装情况及人员费用差别较大。因此，经济流速的参考标准在不同地区及不同管材造价情况下的差异性较大。

d. 灌溉管网系统流量及压力水头的不同

灌溉管网规划面积的不同，管道的设计参数亦不同，灌溉管网中管道的流量、压力水头对经济流速的参考范围影响很大。灌溉管网的流量大小受供水规模、作物需水量及灌水周期控制，不同级别管道的流量差异性很大，所选取的经济流速范围也有所不同。管道节点压力与泵站有关，所选定的泵，其流量和扬程应与管网系统设计流量和设计水头基本一致，在灌溉规模确定的情况下，管网布置形式及流量分配情况也应被基本确定，在适宜的经济流速范围内取值决定了管网的水头损失情况，为使泵站在高效区内运行，使水泵的效率达到最大化，提高泵站的经济运行效果，泵站的投资理应随扬程变化而变化，泵站的投资效果也与经济流速的选取有关。对于某一地区，当地的泵站选取型谱有限，日常规划设计中的水泵选择差异不大，因此，根据当地的泵站型谱拟定经济流速参考范围，也是经济流速地区差异性的一大体现。

②灌溉管网年费用函数增量模型建立

在灌溉管网的规划设计中，应综合考虑泵站与管网系统的设计，设计流速不仅影响着管径的选取，为满足水泵在高效区内运行，也决定着泵站的合理选型。由灌溉管网投资费用与运行费用的函数关系得知，随着管径的增长，两种曲线变化速率不同，在笔者看来，灌溉管网在经济流速的取值范围上应分为大流量系统和小流量系统。形成整个灌溉管网统筹规划下的经济流速取用标准，寻求不同流量下对应的经济流速范围，是解决问题的关键。所谓大流量系统是指设计管径变化尺度较大，所选取的市场标准管径较少，而管材的选择性较大，造成各管材的流速标准不一，流速的取值范围较大，管径选型产生的投资增量大于对应的运行费用增量的管道系统。小流量系统是指设计管径变化尺度较小，所选的管径类型较丰富，流速的取值范围较小，管径选型造成的投资增量小于运行费用增量的管道系统。

一般管网设计的大流量系统多是与泵站连接的输水主干管，即管网输水系统，该系统的管道特点是输送整片规划面积对应的灌溉水量，所用的管材在承压强度与输水能力方面均较好，在管材的选择上多采用耐压力较高的钢管及铸铁管；小流量系统多是与主干管连接的支管及配水管的输配水系统，该系统管道的特点是输配水相协调，流量较小，管材的选用方面多采用施工便捷的硬质塑料管。管道在输水过程中流量自上而下逐步减少，为了节省管材，减少工程投资，通常将管道分段设计成几种管径，即自上而下逐渐缩短管径，不同管段由于流量不同，故其经济流速取值区间亦不同。

通过对管材市场及当地施工情况的调查，管材的综合造价以指数函数的形式表达，并随着管径的增大，其造价呈指数性增长。由管网的设计经验得知水头损失变化情况，流量大的管网系统，管径的变化带来的水头损失变化量较小，流量小的管网系统，水头损失的变化量与管径的关联度较大。一般认为，在设计流量不变的情况下，对于大流量系统可适当增大流速来降低设计管径，达到节约投资的目的；对于小流量系统可适当增大管径来降低流速，而使运行费用最省。

采用考虑资金时间价值的动态经济方法建立灌溉管网年费用函数增量模型，其构成部分包括投资偿还期内管网建设折算费用、管道大修理费用及运行费用。其中，管网建设包括泵站动力设备与管道两部分。动态年费用函数增量为年平均分摊建设额增量 Δf 与管理运行费用增量 Δk 的差值，可用公式(5-12)表示。

$$\Delta w=\begin{cases}\Delta w_{\mathrm{mx}}=\Delta f-\Delta k,\Delta f>\Delta k\\ \Delta w_{\mathrm{mn}}=\Delta k-\Delta f,\Delta k>\Delta f\end{cases} \tag{5-12}$$

$$\Delta f=\lambda(\Delta f_G+\Delta f_B) \tag{5-13}$$

$$\Delta k = k_d Q \Delta h_p \tag{5-14}$$

式中，Δw_{mx} 代表 $\Delta f > \Delta k$；Δw_{mn} 代表 $\Delta k > \Delta f$。

根据该地区各型号管材不同管径的价格参数，通过回归分析的方法，把各种管材的单位长度造价回归到公式(5-15)，管道的投资增量如公式(5-16)所示。

$$C = a + bD_{ij}^{\alpha} \tag{5-15}$$

$$\Delta f_G = \Delta C L_i = b(D_{i+1}^{\alpha} - D_i^{\alpha}) L_i \tag{5-16}$$

$$L_i = [n_1 \cdot n_2 \cdots n_i n_j] l_{ij} \tag{5-17}$$

式中：a、b、α ——单位长度管道造价公式的回归系数，管网的建设费用随管材和当地施工情况而定，应综合考虑管网在建设过程中的开挖回填沟槽的费用、土方运输费用以及相应的管道支墩等附属设施的建设费用；

D_{ij} ——第 i 级管道第 j 段公称管径，m。

L_i ——第 i 级管道总长度，m；第 i 级管道的长度为 $l_i = \dfrac{L_i}{n_i}$，其中，n_i 为第 i 级管道的数量，第 i 级管道的第 j 段长度为 $l_{ij} = \dfrac{l_i}{m_i}$，其中，$m_i$ 为第 i 级管道的分段数。记 $m_k = \prod_{i=1}^{n} m_i$，表示每级管道的分段数的乘积。

泵站动力部分的建设费用与设备的功率近似呈正比，等同于流量与扬程的乘积呈正比，扬程的变化量与管径取值有关，其投资增量如下式(5-18)所示。

$$\Delta f_B = -k_b Q \Delta h_p \tag{5-18}$$

其中，

$$\Delta h_p = \sum_{i=1}^{n} \Delta h_w = (1+\zeta) \sum_{i=1}^{n} f(\beta_i q_{ij})^m (d_i^{-d} - d_{i+1}^{-d}) l_{ij} \tag{5-19}$$

$$k_b = \frac{K_p \rho g}{3.6 \times 10^6 \eta}, \quad k_d = \frac{E t \rho g}{102 \eta} \tag{5-20}$$

$$d_i = D_i - 2\varepsilon_i \tag{5-21}$$

$$\lambda = \frac{r(1+r)^T}{(1+r)^T - 1} + \frac{P}{100} \tag{5-22}$$

$$Q=[n_1\cdot n_2\cdots n_i n_j]q_{ij} \tag{5-23}$$

式中，Q——管网总流量，m^3/h；

q_{ij}——第 i 级管道第 j 段的流量，m^3/h；

K_p——泵站投资参数，元/kW；

Δh_p——水泵扬程增量，m；

E——电价，元/kW·h；

t——泵站开机时数，h；

η——泵站效率，%；

T——投资偿还期，年；

r——投资偿还期内年利率，%；

ρ——水的密度，kg/m^3；

g——重力加速度，$g=9.81\ m/s^2$；

β_i——管道流量变化系数，由管道的级别选定；

P——折旧大修理率，%；

$\sum\Delta h_w$——某一级管道水头损失，m；

ζ——局部水头损失所占的比例系数，通常取10%～20%；

d_i——管道内径，mm；

ε——管道壁厚，mm。

综上，由公式(5-12)～(5-18)联立得，

$$\Delta w=\pm[\lambda b(D_{i+1}^{\alpha}-D_i^{\alpha})-(\lambda k_b+k_d)fm_k\beta_i^m q_{ij}^{m+1}(d_i^{-d}-d_{i+1}^{-d})]L_i \tag{5-24}$$

③年费用函数动态规划模型

灌溉管网经济流速的确定实质上是年费用优化的问题，动态规划法是解决最优化问题的一种常用方法，其基本思想是将欲求解的问题划分为规模较小的子问题，原问题阶段的划分应满足最优性原理，分为若干个阶段，依次求出各阶段的最优解，原问题的解蕴含在子问题的最优解中。基于动态规划法解决问题，需要找出各阶段之间的联系，即由一个阶段发展为另一个阶段的状态转移方程。关键在子问题(阶段)的划分和状态转移方程的建立。

本章欲求解的是灌溉管网规划流量下的经济流速取值范围问题，规划的子问题是关于不同流量的经济流速取值情况。针对管网系统不同流量下的流速取值，可划为分阶段决策下的流速或管径取值区间。有些子问题的阶段是看成重叠的，可节省运算时间，一步步地逼近最优值。针对灌溉管网运用动态规划

法的求解过程实质上是不同流量下经济流速区间的合理分配过程。

以不同阶段决策下的年费用为状态函数，小流量系统以运行费用的减少量与投资费用的增加量的正差值 Δw_{mn} 为目标函数，得到不同管径区间下的函数变量，以累计的管径区间 $[D_i, D_j]$ 对应的最小流速 v_j 作为该流量下的经济流速的参考，通过不同的流量对应的不同的经济流速，可求得小流量系统的经济流速区间。大流量系统的管道以投资费用的减少量与运行费用的增加量的正差值 Δw_{mx} 为目标函数，得到不同流速区间下的函数变化量，以累计的流速区间 $[v_i, v_j]$ 的最大流速 v_j 作为该流量下的经济流速的参考，对应的管径为经济管径，通过不同的流量对应的不同的经济流速，可求得大流量系统的经济流速区间。

流速的讨论应在不淤不冲流速范围内进行。大流量系统以不淤不冲流速的最低流速为起始点，最高流速为终点，以流速 Δv_i 为状态变量，流速 $[v_i, v_{i+1}]$ 区间为决策阶段，年费用的减少以投资费用的减少量大于动力费用增加量为判定标准，若假设成立，则说明该管径的决策是正确的，反之，决策错误。在决策错误时模拟结束，得到年费用函数的最优解。由于各管材的承压能力不同，最高流速的取值标准差异，故大流量系统，即主干管系统的经济流速取值随管材而异。大流量系统的年费用变量目标函数如公式(5-25)所示。

$$\Delta w_{mx} = \Delta f - \Delta k \tag{5-25}$$

小流量系统以不淤不冲流速的最高流速为起始点，最低流速为终点，以管径 ΔD_i 为状态变量，管径 $[D_i, D_{i+1}]$ 区间为各个决策阶段，年费用的减少以动力费用的减少量大于投资费用的增加量为判定标准，若假设成立，则说明该管径的决策是正确的，反之，决策错误。在决策错误时模拟结束，得到年费用函数的最优解。小流量系统的管材选择单一，各管材的水力特性相近，但管径选取单元很多。小流量系统下的年费用变量目标函数如公式(5-26)所示。

$$\Delta w_{mn} = \Delta k - \Delta f \tag{5-26}$$

w_{0n} 为第 n 阶段初始状态下的年费用值，阶段最优效果函数 W_n 为第 n 阶段某一状态下的年费用最小值，即

$$W_n = \min[w_{0n} - \sum[\Delta w_{kn}]] \tag{5-27}$$

最优函数是指标函数的最优值，记为 $f_k(s_k)$，表示从第 k 阶段的状态 s_k 开始到第 n 阶段的终止状态的过程，即

$$f_k(s_k)=optV_{k,n}(s_k,\beta_k,\cdots s_{k+1}),\beta_i\in[\beta_1,\beta_k] \tag{5-28}$$

灌溉管网模型以年费用最小为目标函数，即

$$\min W=\min\sum_{i=1}^{n}[W_i(Q_i,D_i,v_i)-\sum\Delta w] \tag{5-29}$$

④灌溉管网系统约束条件

对于泵站加压灌溉管网系统，在满足设计要求和安全可靠性的前提下，其约束条件主要有以下三点。

a. 管道流速

为了防止流速过低产生淤积现象，以及流速过高出现爆管事故，管道流速应满足管道设计的不淤不冲标准，各管材的特性不同，故其不淤不冲流速亦不同。在公式(5-30)达成约束条件。

$$v_{淤}\leqslant v_{设}\leqslant v_{冲} \tag{5-30}$$

式中，$v_{淤}$——管道的不淤流速，m/s；

$v_{设}$——管道的设计流速，m/s；

$v_{冲}$——管道的不冲流速，m/s。

b. 管道压力

管道输水灌溉需要满足服务对象的设计流量及工作水头，在输水管道实际运行过程中各处压力不能超过管道能够承受的最大压力，设计时应满足管道初始端的压力低于管道承受的最大压力。在公式(5-31)上达成约束条件。

$$P=\frac{n^2\cdot v^2\cdot\rho gL}{R^{\frac{4}{3}}}+P_0\leqslant P_m \tag{5-31}$$

式中，P_0——管道末端的压强，也是下一级管道的首端压强，Pa；

P_m——该级管道设计管径下的最大承受压强，Pa；

n——管道的糙率。

c. 非负约束

不同管径、流速区间下的年费用变化量应为正值，即满足动态规划的最优化原理。在公式(5-32)、(5-33)上达成约束条件。

$$\Delta w_{mx}>0 \tag{5-32}$$

$$\Delta w_{mn}>0 \tag{5-33}$$

d. 管道流量变化系数

灌溉管网的流量应在规划设计的流量范围内，即：

$$0 \leqslant \beta \leqslant \frac{Q_{设}}{q_{ij}} \tag{5-34}$$

⑤项目区管道设计常用管材的经济流速计算

考虑到各管材的实际应用情况，不同流量规模下的管材适用情况不同，根据上述方法计算得出的 UPVC 管、PE 管、钢管、铸铁管流量与经济流速的关系，如下表 5-2。

表 5-2　不同管材工程综合单价与管径的关系表

管材类型	PVC 管	PE 管	铸铁管	钢管
型号	0.6 Mpa	0.6 Mpa	A 型柔性	镀锌螺旋钢管
管道规格/mm				
DN 50	10.56	17.00	59.75	37.05
DN 70	16.29	32.39	88.60	58.50
DN 90	25.29	52.40	118.92	82.27
DN 100	28.74	64.11	134.53	94.92
DN 110	35.94	76.94	150.42	108.03
DN 150	58.78	139.34	216.28	164.56
DN 180	85.09	197.55	267.76	210.76
DN 200	96.74	241.70	302.92	243.16
DN 280	184.41	460.31	449.20	383.88
DN 300	188.65	525.32	487.00	421.56
DN 400	365.47	911.23	682.08	622.90
DN 600	647.88	1980.49	1096.57	1079.92
DN 800	1225.69	3435.42	1535.82	1595.68
DN 1000	1896.57	5266.52	1994.45	2160.04
回归方程	$y=0.0096D_i^{1.7504}$	$y=0.0095D_i^{1.9146}$	$y=0.6121D_i^{1.171}$	$y=0.1833D_i^{1.3571}$

（五）农田低压管道灌溉工程费用函数

管道输水灌溉工程的费用函数主要包括两个部分，一是管道灌溉工程建设所需的费用，二是运营期需要投入的费用，即年运行费。

总投资主要包括提水泵站建设投资和输配水管网投资两部分。

(1) 提水泵站建设投资

泵站投资与机组台数、大小有关，同时也与水泵类型、流量和扬程等指标有关，除此之外还和土建与配电工程有关。一般采用单位装机容量的大小来表示泵站总投资，如式 5-35 所示。

$$K_1 = K_p \times W_p = \frac{K_p \times \gamma \times Q \times H}{102 \times \eta_{装}} \tag{5-35}$$

式中：K_1——泵站总投资，元；

K_p——泵站投资参数，元/kW；

W_p——泵站装机容量，kW；

$\eta_{装}$——水泵机电效率；

γ——水容重，kg/m^3；

Q——水泵设计流量，m^3/h；

H——水泵扬程，m。

(2) 输配水管网投资函数

管网投资主要体现在管道投资和配套设施投资(阀门、给水栓等)，其中配套附件种类多、用量大，一般采用比例系数法来估算。

管道的投资函数用式 5-36 表示：

$$K_j = M_j \times L_j = a_j \times Dj^{bj} \times L_j \tag{5-36}$$

式中：K_j——第 j 类管道投资，元；

M_j——第 j 类管道单价，元/m；

L_j——第 j 类管道长度，m；

D_j——第 j 类管道内径，mm；

a_j、b_j——第 j 类的回归参数，可以根据管径和价格的关系求得。

由此可得管网总投资为：

$$K_2 = (\sum_{j=1}^{n} k_j) \times (1+\chi) = (\sum_{j=1}^{n} (M_j \times L_j)) \times (1+\chi) = (\sum_{j=1}^{n} (a_j \times D_j{}^{bj})) \times (1+\chi) \tag{5-37}$$

式中：K_2——管道工程总投资，元；

n——管道种类数目；

χ ——配套附件投资占管网总投资的百分数。

(3) 管道灌溉工程总投资

$$K=K_1+K_2=\frac{K_p\gamma QH}{102\eta_{装}}+(\sum_{j=1}^{n}(a_j\times D_j^{\ bj}))\times(1+\chi) \tag{5-38}$$

式中:K——灌溉工程总投资,元。

(六) 管道灌溉系统年费用函数

年费用主要包括工程总投资年折算费和年动力费和年管理维修费三部分。

(1) 年动力费

动力费用可用下式计算:

$$C_1=\frac{E\rho gQHT}{1000\eta_{装}} \tag{5-39}$$

式中:C_1——动力费,元;

E——电费单价,元/kW·h;

T——水泵年运行时间,h。

(2)年折算费用

根据《水利建设项目经济评价》(SL 72—2013),年折算费可由下式计算:

$$C_2=K\times\frac{i(1+i)^n}{[(1+i)^n-1]} \tag{5-40}$$

式中:C_2——年折算费,元;

K——灌溉工程总投资,元;

i——年利率或折算率,%;

n——年复利期数,机电灌排站、小型水电站可取15～25年。

(3) 年管理、维修费用

年管理、维修费用可按管道输水灌溉工程总投资的一定比例求得,即:

$$C_3=K\times k \tag{5-41}$$

式中:k——比例系数。

(4) 管道灌溉工程年费用

$$C=C_1+C_2+C_3=\frac{E\times\rho\times g\times Q\times H\times T}{1000\eta_{装}}+K\times\left(\frac{i(1+i)^n}{[(1+i)^n-1]}+k\right) \tag{5-42}$$

式中:C——管道输水灌溉工程年费用,元。

（七）低压管道输水灌溉效益分析

（1）节水效益

节水效益可由下式计算：

$$B_w = \sum_{i=1}^{n} (\eta_{i1} - \eta_{i0}) m_i A_i C_i \tag{5-43}$$

式中：η_{i1}——第 i 种作物使用管道灌溉时的灌溉水利用系数；

η_{i0}——第 i 种作物未使用管道灌溉时的灌溉水利用系数；

m_i——第 i 种作物的灌溉定额，m^3/亩；

A_i——第 i 种作物的灌溉面积，亩；

C_i——水价，元/m^3。

根据调研情况和相关经验，本次研究作物只考虑水稻、小麦和蔬菜，使用管道灌溉之后灌溉水利用系数可提高 15%～30%，根据泗阳县物价局农村水价收费标准为 0.67 元/吨，由此可以计算不同轮作情况下的节水效益，节水效益为 100 元/亩。

（2）节地效益

节地效益可由下式计算：

$$B_f = \sum_{i=1}^{n} S_i \cdot R_i \tag{5-44}$$

式中：S_i——第 i 段管道节省土地面积，亩；

R_i——节省土地的年综合效益，元/亩。

粮食作物土地综合效益按 800 元/亩计算，可得节地效益为 80 元/亩。

（3）增产效益

增产效益可由下式计算：

$$B_y = \sum_{i=1}^{n} \varepsilon_i \cdot A_i \cdot \alpha_i \cdot (Y_i - Y_{io}) P_i \tag{5-45}$$

式中：ε_i——第 i 种作物灌溉效益分摊系数，根据郭斯睿《灌溉增产效益分摊系数的实验研究》中相关内容，本次计算取 0.4；

α_i——第 i 种作物的种植系数；

Y_i——第 i 种作物使用管道灌溉时的平均年产量，kg/亩；

Y_{io}——第 i 种作物未使用管道灌溉时的平均年产量，kg/亩；

P_i——第 i 种作物价格，元/kg。

通过研究区调研、走访及咨询相关专家、农业种植户等研究方法发现，研究区使用渠道灌溉时水稻、小麦的产量为 550 kg/亩，350 kg/亩，水稻、小麦的价格为 2.15 元/kg，1.5 元/kg。使用管道灌溉后亩均产量分别为 577.5 kg/亩、367.5 kg/亩，则增产效益为 85.38 元/亩。

(4) 省工效益

省工效益可由下式计算：

$$B_r = \sum_{i=1}^{n}(G_{i1} - G_{io}) \cdot A_i \cdot F_i \tag{5-46}$$

式中：G_{i1}——第 i 种作物现状灌溉单位面积用工，工日/亩；

G_{io}——第 i 种作物使用管道输水灌溉单位面积用工，工日/亩；

A_i——第 i 种作物的灌溉面积，亩；

F_i——用工价格，元/工日。

根据已有相关工程经验，粮食作物、经济作物系统年用工分别按 1 工日/亩、3 工日/亩计算，用工价格为 120 元/工日，可以计算得出省工效益为 24 元/亩。

(5) 经济效益分析

主要从经济角度，研究渠管结合的最优方式，因此根据相关文献与规范，采用经济费用效益分析法来确定渠管结合节水灌溉工程建设的优化模式。所采用的经济指标分别计算如下：

①经济内部收益率 $EIRR$，即在计算期内对不同渠管结合情形下净年效益现值进行累加，当累加值达到零时所取的折现率，即：

$$\sum_{t=1}^{N}(B - C)_t(1 + EIRR)^{-t} = 0 \tag{5-47}$$

式中：B——年效益，万元；

C——年费用，万元；

t——计算期各年的序号。

②经济净现值 $ENPV$，按照社会折现率将不同渠管结合情形下的净年效益分别进行折算，将折算到计算期初的现值进行累加所得的值，即：

$$ENPV = \sum_{t=1}^{N}(B - C)_t(1 + i_s)^{-t} \tag{5-48}$$

式中：i_s——社会折现率。

③经济效益费用比 $EBCR$，是不同渠管结合情形下其效益现值与其费用现值的比值，即：

$$EBCR=\sum_{t=1}^{N}B_t(1+i_s)^{-t}/\sum_{t=1}^{N}C_t(1+i_s)^{-t} \tag{5-49}$$

第四节 管道输水灌溉工程适宜规模与建设定额

一、平原区管道输水灌溉工程适宜规模与建设定额

（一）基本情况

以运南灌区作为典型区进行工程模拟，运南灌区总面积 713.2 km²，内有耕地 60.1 万亩，原设计灌溉面积 51.75 万亩，现状实际灌溉面积 39.8 万亩。运南灌区位于徐淮黄泛平原区，地势北高南低，起伏较大，最高地面高程 24.8 m，最低 10.5 m，一般地面高程 13.0～18.5 m。地貌类型为堤内滩地，土质肥沃。运南灌区内辖泗阳县众兴镇、临河镇、卢集镇、李口镇、高渡镇、裴圩镇，宿城区中扬镇、仓集镇、屠园乡等 14 个乡镇，2015 年底，灌区辖区内共有人口 56.43 万人，其中农业人口 48.98 万人。运南灌区 2015 年灌区粮食总产 47.48 万吨，人均产粮 841 kg，亩产 790 kg。灌区主要种植水稻、小麦等，其中水稻 23.08 万亩、小麦 26.67 万亩、蔬菜 4.78 万亩、油料作物 8.36 万亩，水稻占 58%，水稻用水量占全部用水量的 67.3%。

本次模拟包括“梳齿式”、“鱼骨式”及规模化三种布置形式下不同面积管网和水源工程的投资模拟，其中“梳齿式”和“鱼骨式”包括 176 亩、431 亩、604 亩、777 亩和 1 036 亩 5 种规模下的投资模拟；规模化包括 700 亩、1 350 亩、1 620 亩 3 种规模下的投资模拟。

（二）适宜规模及建设定额

对上述布置形式进行不同面积下的模拟，水泵及配套动力选型见表 5-3。

表 5-3　水泵选型表

水泵型号	流量(m^3/h)	扬程(m)	转速 n(r/min)	效率 η(%)	轴功率(kW)
200HW-8	360	8	1 450	83.5	9.39
200HW-10	450	10	1 450	83.5	14.68
250HW-8	540	8	1 180	84	14.01
300HW-8	792	8	970	85	20.3
350HW-8	1 000	8	980	85.5	25.5

通过投资估算可以得到亩均管网投资和泵站投资见表 5-4：

表 5-4　亩均水源工程及管网投资表

布置形式	控制面积(亩)	管网投资(万元)	亩均管网价格(元/亩)	亩均管道长度(m/亩)	水源工程投资(万元)	水源工程亩均投资(元)	亩均总投资(元)
梳齿式	172	11.84	688.37	11.51	6.76	393.02	1 081.39
	431	40.87	948.26	12.76	10.57	245.24	1 193.50
	604	69.13	1 144.54	11.82	10.08	166.89	1 311.43
	777	99.15	1 276.06	12.43	14.62	188.16	1 464.22
	1036	168.78	1 629.15	12.51	18.35	177.12	1 806.27
鱼骨式	172	10.59	615.7	10.11	6.76	393.02	1 008.72
	431	35.71	828.54	12.76	10.57	245.24	1 073.78
	604	62.24	1 030.46	12.52	10.08	166.89	1 197.35
	777	90.57	1 165.64	12.59	14.62	188.16	1 353.80
	1 036	136.89	1 321.33	12.51	18.35	177.12	1 498.45

同样可通过年费用函数得亩均年费用，见表 5-5：

表 5-5　亩均年费用统计表

布置形式	控制面积(亩)	亩均年折算费用(元)	亩均年管理维修费用(元)	亩均年动力费(元)	亩均年费用(元)
梳齿式	172	101.46	43.17	120	264.64
	431	112.17	47.73	100	259.90
	604	123.28	52.46	85	260.75
	777	137.62	58.56	80	276.18
	1 036	169.78	72.25	65	307.02

续表

布置形式	控制面积(亩)	亩均年折算费用(元)	亩均年管理维修费用(元)	亩均年动力费(元)	亩均年费用(元)
鱼骨式	172	94.63	40.27	120	254.90
	431	100.91	42.94	100	243.85
	604	112.56	47.90	85	245.46
	777	127.24	54.15	80	261.39
	1036	140.84	59.93	65	265.78

由此，我们可以得到年费用和亩均折算维修费用及亩均动力费之间的函数图像。如图 5-16 和图 5-17 所示。

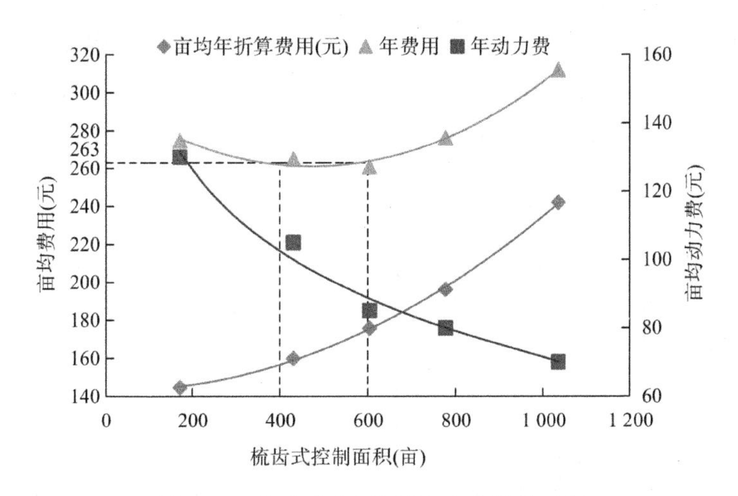

图 5-16　梳齿式控制面积与年费用关系图

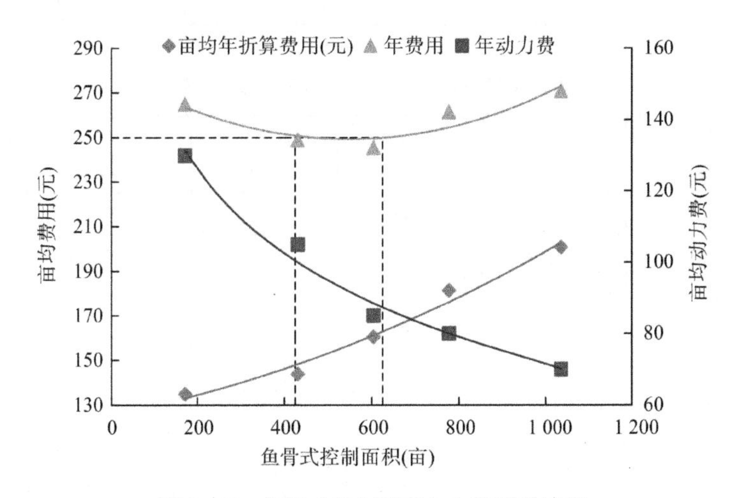

图 5-17　鱼骨式控制面积与年费用关系图

通过图 5-16 和图 5-17 可知，年费用随着控制面积的增大呈现先增大后减小的趋势，这主要是受亩均动力费用和亩均年折算费用这两个函数控制，第一，当管道控制面积较小时，由于提水是自发进行且无序，造成了严重的资源浪费，而随着控制面积增大，灌水有序进行，提高了灌溉的利用效率；第二，从表 5-4 可知，随着管道灌溉控制面积的增大，亩均管道长度几乎没有改变，另一个事实是随着管道灌溉控制面积增大，管道的管径确增大了很多，这是造成亩均管道投资上升的主要原因。而“鱼骨式”相较“梳齿式”上升趋势较缓，这主要是由于“鱼骨式”向两侧输水，减轻了对配水管管径的要求，从而造成上述趋势。“梳齿式”控制规模在 400～600 亩，“鱼骨式”控制规模在 400～600 亩，这两者的年费用分别在 263 元/亩和 250 元/亩左右。

对于规模化管道模拟，条田长度主要考虑为 400～600 m，因而采用两种条田规模分别进行模拟。书中考虑为大型管区自流灌溉，因而以工程内部收益率为评价指标，作为衡量适宜面积的重要参考。规模化条件下投资定额标准和效益费用分析分别见表 5-6 和表 5-7。

表 5-6　400 m 条田长度条件定额标准

形式	控制面积（亩）	投资（万元）	亩均投资（元）	亩均管道长度（m）	内部收益率	净现值	效益费用比
规模化	810	85.62	1 057	5.43	8.97%	6.33	1.02
	1 079	116.66	1 081	4.26	9.51%	13.96	1.05
	1 349	148.87	1 104	3.48	12.50%	54.96	1.16
	1 619	209.28	1 293	3.89	12.16%	71.18	1.18
	1 889	303.72	1 608	3.68	3.30%	−100.662	0.84

表 5-7　400 m 条田长度下各控制面积下效益费用分析表

形式	控制面积（亩）	总投资（万元）	折旧费（万元）	管理维修费（万元）	年费用（万元）	年效益（万元）
规模化	810	85.62	9.76	5.14	14.90	23.44
	1 079	116.66	12.30	6.42	18.71	31.22
	1 349	148.87	13.99	6.70	20.69	40.47
	1 619	209.28	19.67	8.37	28.04	46.85
	1 889	303.72	25.51	10.63	36.14	54.66

图 5-18 为 400 m 条田长度下亩均投资、内部收益率和控制面积的关系图，从图中可以看出，当控制面积为 1 300～1 600 亩时，内部收益率达到较高的水平，因此适宜面积为 1 300～1 600 亩。

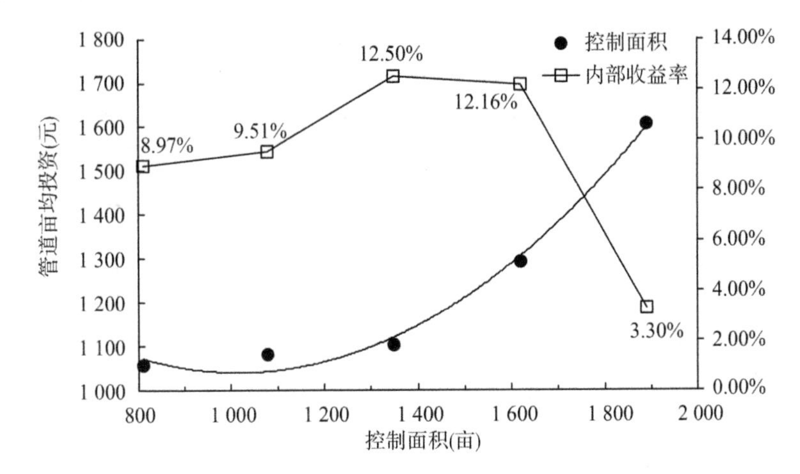

图 5-18　400 m 条田规格下输水灌溉内部收益率与控制面积关系图

由于条田规模为 400～600 m 之间，对于 400 m 长度的条田，以上已有模拟，现模拟条田长度为 600 m 的田块，由此可得到表 5-8 和表 5-9。

图 5-19 为 600 m 条田长度下亩均投资、内部收益率和控制面积的关系图。从图 5-19 中可知，600 m 条田长度下，控制面积为 1 300～1600 亩时，内部收益率达到较高的水平。适宜规模为 1 300～1 600 亩。

表 5-8　600 m 条田长度条件定额标准

形式	控制面积（亩）	总投资（万元）	亩均投资（元）	亩均管道长度(m)	内部收益率	净现值	效益费用比
规模化	810	87.24	1 077	5.25	7.02%	−6.21	0.96
	1 079	130.09	1 206	4.45	5.99%	−19.48	0.94
	1349	168.95	1 252	3.97	8.69%	9.16	1.02
	1 619	243.32	1 503	3.83	8.45%	8.47	1.02
	1 889	336.21	1 780	3.63	0.36%	−168.43	0.76

表 5-9 400 m 条田长度下各控制面积下效益费用分析表

形式	控制面积(亩)	总投资(万元)	折旧费(万元)	管理维修费(万元)	年费用(万元)	年效益(万元)
规模化	810	87.24	10.95	5.23	16.18	23.44
	1 079	130.09	13.71	7.15	20.87	31.22
	1 349	168.95	15.88	7.60	23.48	40.47
	1 619	243.32	22.87	9.73	32.60	46.85
	1 889	336.21	28.24	11.77	40.01	54.66

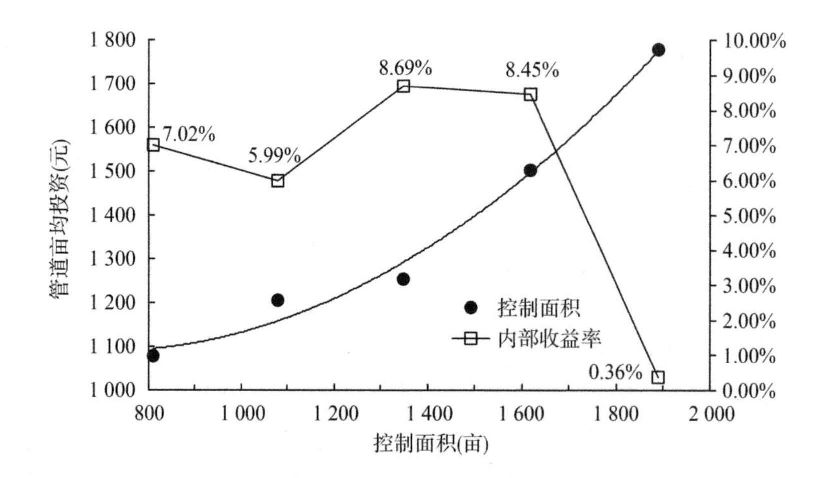

图 5-19 600 m 条田规格下输水灌溉内部收益率与控制面积关系图

二、河网圩区管道输水灌溉工程适宜规模与建设定额

(一) 基本情况

以宿城区中扬镇内圩区作为典型区进行工程模拟，中扬镇有圩区面积 56.86 km^2，圩内人口 35 550 人，圩内地面高程在 12.4～15.0 m，圩堤高度在 15.5～15.8 m，圩内农业灌溉依靠泵站提水灌溉，多为灌排两用站。圩内有五河闸、肖河闸、马化河闸及圩口闸等引排建筑物，泵站提水水源为灌溉片西侧河道，由河道引水至灌溉片南侧的中沟内，再由建在中沟西侧上的灌排两用泵站提水进行灌溉。圩内地势呈西北向东南倾斜，圩区土壤多为砂壤土和黏壤土。

选择的典型片区主要种植水稻、小麦和大棚蔬菜。粮食作物生产区分散型形式按面积 156 亩、360 亩、540 亩、648 亩、792 亩、900 亩、1 242 亩分别进行模拟计算，粮食作物生产区规模化形式按面积 156 亩、360 亩、540 亩、648 亩、792 亩、900 亩、1 152 亩分别进行模拟计算，水稻蔬菜轮作区按面积 135 亩、360 亩、648 亩、729 亩、891 亩、1 296 亩分别进行模拟计算。

(二) 适宜规模及建设定额

对上述布置形式进行不同面积下的模拟，水泵及配套动力选型见表 5-10。

表 5-10 水泵选型表

水泵型号	流量(m^3/h)	扬程(m)	转速 n(r/min)	效率 η(%)	功率(kW)
150HWG-8	216	6.8	1450	78	5.5
250HW-5	540	5	1 180	82	11
250HW-8	540	8	1 180	84	18.5
300HWG-8	594	9.6	970	78	22
300HW-8A	780	7	980	84	22
350HW-8	1 000	8	980	85.5	30
400HW-7	1 260	6.8	730	86	30

通过投资估算可以得到亩均管网投资和泵站投资，见表 5-11。

表 5-11 亩均水源工程及管网投资表

布置形式	控制面积(亩)	管网投资(万元)	亩均管网价格(元/亩)	亩均管道长度(m/亩)	水源工程投资(万元)	水源工程亩均投资(元)	亩均总投资(元)
粮食生产区分散型单向灌排	156	11.70	743.25	7.53	3.24	207.64	957.69
	360	45.42	1 256.92	7.41	6.31	175.26	1 436.79
	540	68.10	1 256.92	7.41	7.07	130.96	1 392.06
	648	83.37	1 283.06	7.29	8.74	134.87	1 421.42
	792	119.55	1 506.61	7.17	11.10	140.15	1 649.62
	900	138.54	1 536.79	7.11	11.81	131.22	1 670.51
	1 242	202.78	1 630.17	7.15	15.05	121.19	1 753.90

续表

布置形式	控制面积(亩)	管网投资(万元)	亩均管网价格(元/亩)	亩均管道长度(m/亩)	水源工程投资(万元)	水源工程亩均投资(元)	亩均总投资(元)
粮食生产区规模化单向灌排	156	13.60	982.26	4.40	5.30	339.85	1 211.60
	360	38.43	1 064.63	4.26	6.63	184.07	1 251.65
	540	57.63	1 064.64	4.26	7.36	136.28	1 203.44
	648	84.09	1 295.65	4.11	8.75	135.02	1 432.77
	792	99.24	1 251.30	3.97	11.60	146.43	1 399.45
	900	137.35	1 524.61	3.89	11.64	129.34	1 655.47
	1152	222.41	1 913.56	3.91	12.37	107.42	2 038.05
粮食生产区规模化双向灌排	156	11.63	740.69	3.76	4.64	297.56	1 043.13
	360	35.81	991.76	3.97	6.14	170.64	1 165.35
	540	54.88	1 013.74	4.06	6.87	127.16	1 143.42
	648	80.62	1 242.09	3.94	8.25	127.28	1 371.47
	792	95.77	1 207.48	3.83	10.78	136.17	1 345.36
	900	133.04	1 476.71	3.77	10.97	121.89	1 600.11
	1 152	216.79	1 864.75	3.81	12.34	107.10	1 988.92
粮经兼作区单向灌排	135	11.26	821.13	14.52	2.39	176.90	1 011.13
	360	35.25	971.24	14.22	6.79	188.64	1 167.83
	648	104.78	1 610.75	14.07	8.83	136.20	1 753.21
	729	115.45	1 578.09	13.99	10.09	138.44	1 722.10
	891	141.82	1 587.19	13.87	12.36	138.75	1 730.50
	1 296	216.99	1 669.80	13.89	16.20	125.01	1 799.32
粮经兼作区双向灌排	135	10.33	757.18	7.67	2.58	190.83	955.86
	360	45.71	1 265.20	7.54	6.58	182.76	1 452.56
	648	84.08	1 294.07	7.43	9.22	142.25	1 439.81
	729	92.43	1 264.81	7.35	10.61	145.54	1 413.45
	891	138.31	1 549.75	7.22	12.11	135.87	1 688.16
	1296	211.74	1 631.38	7.26	16.78	129.50	1 763.32

同样可通过年费用函数得亩均年费用，见表 5-12。

表 5-12　亩均年费用统计表

布置形式	控制面积（亩）	亩均年折算费用（元）	亩均年管理维修费用（元）	亩均年动力费（元）	亩均年费用（元）
粮食生产区分散型单向灌排	156	142.70	47.88	122.09	312.67
	360	129.31	57.47	103.05	289.83
	540	130.85	55.68	77.00	263.54
	648	133.61	56.86	79.31	269.78
	792	155.06	65.98	82.41	303.46
	900	157.03	66.82	77.15	301.00
	1 242	164.87	70.16	71.26	306.29
粮食生产区规模化单向灌排	156	113.89	48.46	199.83	362.00
	360	117.66	50.07	108.24	276.00
	540	113.12	48.14	80.13	241.00
	648	134.68	57.31	79.39	271.00
	792	131.55	55.98	86.10	274.00
	900	155.61	66.22	76.05	298.00
	1 152	191.58	81.52	63.16	336.00
粮食生产区规模化双向灌排	156	98.05	41.73	174.97	314.74
	360	109.54	46.61	100.34	256.49
	540	107.48	45.74	74.77	227.99
	648	128.92	54.86	74.84	258.62
	792	126.46	53.81	80.07	260.35
	900	150.41	64.00	71.67	286.08
	1 152	186.96	79.56	62.98	329.49
粮经兼作区单向灌排	135	151.67	60.67	104.02	316.35
	360	136.64	70.07	110.92	317.62
	648	164.80	70.13	80.08	315.01
	729	161.88	68.88	81.40	312.17
	891	162.67	69.22	81.59	313.47
	1 296	169.14	71.97	73.50	314.61

续表

布置形式	控制面积(亩)	亩均年折算费用(元)	亩均年管理维修费用(元)	亩均年动力费(元)	亩均年费用(元)
粮经兼作区双向灌排	135	111.84	57.35	112.21	281.40
	360	136.54	58.10	107.46	302.10
	648	135.34	57.59	83.65	276.58
	729	132.86	56.54	85.58	274.98
	891	158.69	67.53	79.89	306.11
	1 296	165.75	70.53	76.15	312.43

由此,可以得到亩均年费用和面积之间的函数图像。如图 5-20 和图 5-21 所示。

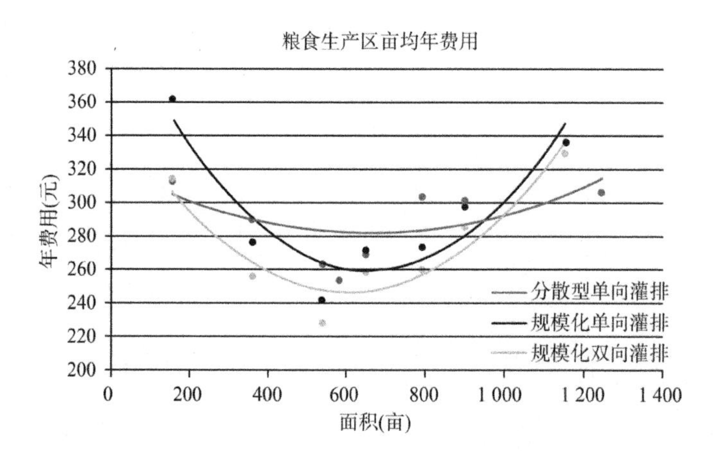

图 5-20　控制面积与年费用关系图(粮食生产区)

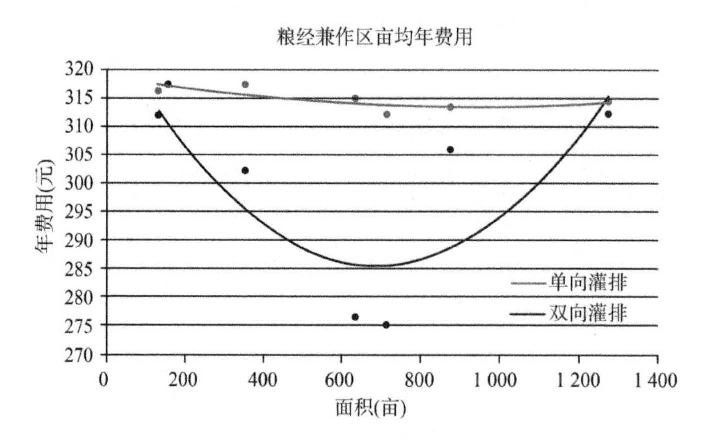

图 5-21　控制面积与年费用关系图(粮经兼作区)

通过图 5-20 和图 5-21 发现，年费用随着控制面积的增大呈现先减小大后增大的趋势，这主要是受亩均动力费用和亩均年折算费用这两个函数控制，粮食生产区分散型单向灌排控制规模在 600 亩左右，规模化控制规模在 600～700 亩左右，年费用在 260 元/亩；粮经兼作区控制规模在 700 亩左右，年费用在 310 元/亩，但粮经兼作区采用双向灌排模式时投资相比于单向灌排模式更少，年费用更省，年费用在 270 元/亩。

三、丘陵区管道输水灌溉工程适宜规模与建设定额

(一) 基本情况

选取的典型区位于泗洪县魏营镇和上塘镇境内，均属于西南岗片区范围。魏营镇位于江苏省宿迁市泗洪县西南方向，距泗洪县城 15 km。该镇南与双沟镇毗邻，北与车门乡相望，东与瑶沟乡相连，西与上塘镇接壤，全镇面积 105 km^2，耕地 10.5 万亩，上塘镇位于泗洪县西南部，地处苏皖两省交界处。北与车门相望，东与魏营镇接壤，南与天岗湖乡相连，西与安徽省五河县、泗县毗邻。全镇面积 133 km^2，耕地 6 539 hm^2。镇属岗阜地区，岗丘、洼地交错起伏，最高高程 52 m，最低 12 m，高度相差 40 m。典型区位于上塘镇西北部的垫湖村，范围为新汴河以南，与安徽交界以东。典型灌区为三级提水，一级站现有 11 台机组，装机总容量 1 980 kW；魏营二级站安装 7 台套机组，总装机容量为 280 kW；马庄二级站设计 13 台套机组，装机总容量 1 690 kW，设计流量 6.5 m^3/s；上塘三级站设计 6 台套机组，装机总容量为 1 110 kW。灌溉规模受地形条件的限制，分别对 200 亩、300 亩、400 亩、500 亩进行模拟。

(二) 适宜规模及建设定额

对上述布置形式进行不同面积下的模拟，水泵及配套动力选型见表 5-13：

表 5-13 水泵选型表

水泵型号	流量(m^3/h)	扬程(m)	转速 n(r/min)	效率 η(%)	轴功率(kW)
200HWG-8	270	9.6	1 450	76	9.29
200HWG-8	360	8	1 450	83.5	9.39
250HW-7	450	7.8	1 360	82	10.15
300HWG-8	580	6.6	1 360	85	12.67
250HWG-8	407	7.6	1 350	77	13.81

续表

水泵型号	流量(m^3/h)	扬程(m)	转速 n(r/min)	效率 η(%)	轴功率(kW)
250HWG-8	540	6.8	1 400	77	13.81
300HWG	594	10.6	1 300	83	12.85

通过投资估算可以得到亩均管网投资和泵站投资，见表 5-14：

表 5-14　亩均水源工程及管网投资表

布置形式	控制面积(亩)	管网投资(万元)	亩均管网价格(元/亩)	亩均管道长度(m/亩)	水源工程投资(万元)	水源工程亩均投资(元)	亩均总投资(元)
梳齿式	200	15.49	774.68	12.67	6.69	334.37	1 109.05
	300	28.18	939.49	13.91	6.76	225.43	1 164.92
	400	42.77	1 069.33	12.61	7.35	183.82	1 253.15
	500	53.65	1 073.06	12.38	8.83	176.61	1 249.67
鱼骨式	202	11.36	568.10	7.33	5.98	296.00	864.10
	316	24.64	821.36	12.28	7.14	225.80	1 047.16
	404	37.74	943.42	12.31	8.57	212.16	1 155.59
	518	58.23	1 164.58	12.36	10.41	201.04	1 365.62

同样可通过年费用函数得亩均年费用，见表 5-15：

表 5-15　亩均年费用统计表

布置形式	控制面积(亩)	亩均年折算费用(元)	亩均年管理维修费用(元)	亩均年动力费(元)	亩均年费用(元)
梳齿式	200	104	44	250	399
	300	109	47	169	325
	400	117	50	137	305
	500	137	49	132	319
鱼骨式	202	81	35	222	338
	316	98	42	169	310
	404	108	46	159	314
	518	128	55	151	334

由此，可以得到年费用和亩均折算维修费用及亩均动力费之间的函数图像，如图 5-22 和图 5-23 所示。梳齿式管网布置模式下，当灌区规模为 350～450 亩时，亩均年折算费用最低，可控制在 308 元/亩的范围内，故可认为是灌

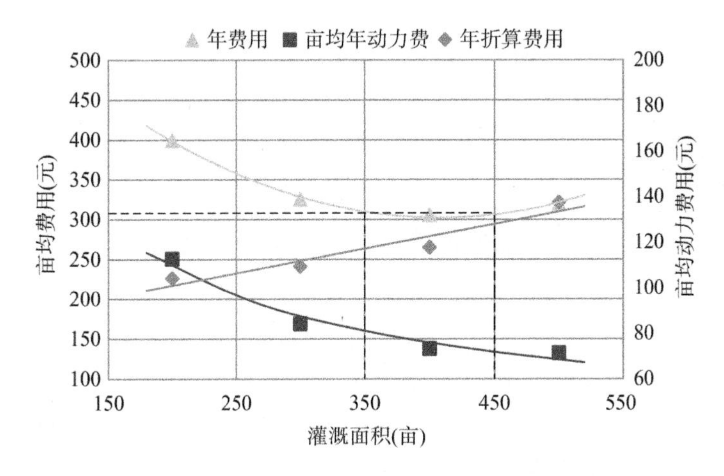

图 5-22　梳齿式管网年费用关系图

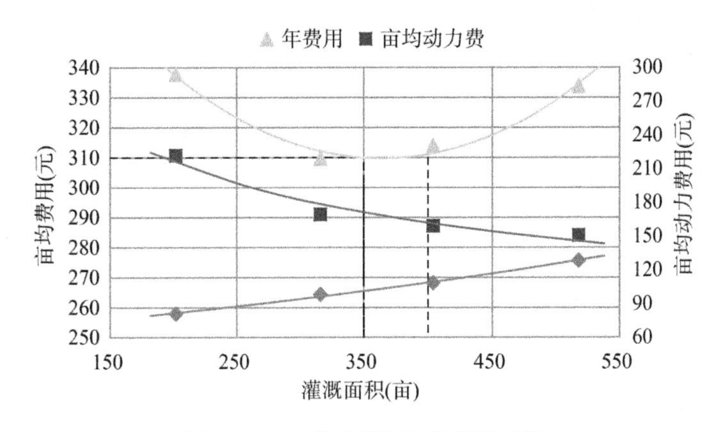

图 5-23　鱼骨式管网年费用关系图

区在该种布置模式下的适宜灌溉规模。随着灌区规模的增加灌区每亩年折算费用呈现不同的变化趋势，当灌区规模为 200～350 亩时，灌区亩均年费用逐渐降低，在 400 亩时费用最低，为 300 元/亩，然后随着灌区规模的增加，灌区每亩年费用具有上升的趋势。鱼骨式管网布置模式下，当灌区规模为 350～400 亩时，亩均年费用最低，可控制在 310 元/亩的范围内，故可认为是灌区在该种布置模式下的适宜灌溉规模。随着灌区规模的增加，灌区每亩年费用呈现不同的变化趋势，当灌区规模为 200～300 亩时，灌区年折算费用逐渐降低，在 360 亩时费用最低，为 306 元/亩，然后随着灌区规模的增加，灌区每亩年费用具有上升的趋势。

第六章 灌区农田管道排水系统工程模式

灌区现代化改造过程中，不仅需要关注灌溉技术的改进，更应重视排水技术的应用。暗管排水排盐技术能有效控制地下水位，达到农田降渍和快速脱盐目标，具有占地少、见效快等优点。同时，目前现有农沟横断面主要受制于地下水位控制和边坡稳定性要求，其过水能力远超于地表排水要求，冗余很大。结合暗管排水技术，降低农沟深度，可在保障地面排水功能的基础上显著增加沟道稳定性，减少耕地占用。基于此，本章以苏北灌区为例，介绍了灌区农田管道排水系统工程模式。主要内容为：(1)农田排水标准确定；(2)管道排水系统设计参数研究；(3)管道排水系统降渍脱盐效果分析。

第一节　农田排水标准的确定

农田排水标准是排涝除渍、防治土地盐碱化或次生盐碱化的排水标准，可分为排涝、治渍和防治盐碱化三类。地下排水标准主要受气候因素、作物种类、土壤质地和水文地质等因素影响，一般依据当地或类似地区排水试验资料或实践经验来确定。本试验将排涝、降渍、脱盐作为一个连续过程，统一考虑涝渍兼治和防治盐碱化的排水设计标准。

一、排涝标准的确定

根据治理区的暴雨特性、汇流条件、河网湖泊调蓄能力、农作物的耐淹水深和耐淹历时(我国主要农作物耐淹水深和耐淹历时如表 6-1)，排涝模数可用下列公式计算求得。

(1) 旱地排涝模数平均排除法计算公式

$$q_d = \frac{R}{t} \tag{6-1}$$

式中：q_d——旱地排涝模数，mm/d；

R——设计暴雨的径流水深，mm；

t——排水时间，d，可采用旱作物的耐淹历时。

(2) 水田排涝模数平均排除法计算公式

$$q_w = \frac{(P - h_w - E_w - S)}{t} \tag{6-2}$$

式中：q_w——水田排涝模数，$m^3/(s \cdot km^2)$；

P——设计暴雨量，mm；

h_w——水田滞蓄水深，mm；

E_w——排涝时间内的水田腾发总量，mm；

S——排涝时间内的水田渗漏总量，mm；

t——排水时间，d，可采用水稻的耐淹历时。

按 5～10 年一遇的 1 d 暴雨量应在 2 d 内排至作物耐淹水深，计算得旱地排涝模数为 10 mm/d，水田排涝模数为 7 mm/d。

表 6-1　我国主要农作物耐淹水深和耐淹历时

作物种类	生育期	耐淹水深(mm)	耐淹历时(d)
棉花	开花结铃期	50～100	1～2
玉米	苗期至拔节期 抽穗期 孕穗灌浆期 成熟期	20～50 80～120 80～120 100～150	1～1.5 1～1.5 1.5～2 2～3
甘薯	全生育期	70～100	2～3
春谷	苗期至拔节期 孕穗期 成熟期	30～50 50～100 100～150	1～2 1～2 2～3
高粱	苗期 孕穗期 灌浆期 成熟期	30～50 100～150 150～200 150～200	2～3 5～7 6～10 10～20

续表

作物种类	生育期	耐淹水深(mm)	耐淹历时(d)
大豆	苗期 开花期	30～50 70～100	2～3 2～3
小麦	拔节期至成熟期	50～100	1～2
水稻	返青期 分蘖期 拔节期 孕穗期 成熟期	30～50 60～100 150～250 200～250 300～350	1～2 2～3 4～6 4～6 4～6

二、降渍标准的确定

治渍排水标准应综合农作物生长和农业机械作业的要求确定，一般可视作物根深不同而选用 800～1 300 mm。旱作区在渍害敏感期间可采用 3～4 d 内将地下水埋深降至 400～600 mm 的标准；稻作区在晒田期 3～5 d 内降至 400～600 mm；淹灌期的适宜渗漏率可选用 2～8 mm/d。同时应该满足农业机械作业对排水要求的排渍深度，一般应控制在 600～800 mm。我国南方地区主要农作物雨后允许排水时间和要求达到的地下水位高度，如表 6-2 所示。治渍排水模数计算公式如下：

$$q=\frac{\mu\Delta\bar{h}}{t} \tag{6-3}$$

式中：q——调控地下水位要求的治渍排水模数，mm/d；

$\Delta\bar{h}$ ——满足治渍要求的地下水位平均降深值，mm；

t——排水时间，d，按照规范中的治渍要求确定；

μ——地下水位降深范围内的平均给水度。

表 6-2　我国南方地区主要农作物雨后允许排水时间和要求达到的地下水位高度

作物种类	控制的生长阶段	允许排水时间(d)	要求达到的地下水埋深(mm)
小麦	拔节期及以后	3～6	800～1 000
棉花	花铃期及以后	3～5	900～1 200
水稻	晒田期	3～5	400～600

第二节　管道排水系统设计参数研究

一、基本情况

针对管道灌排排水降渍的能力降低，在江苏省临海农场开展管道排水系统工程模式研究。江苏省临海农场隶属于江苏省农垦集团有限公司，位于江苏省盐城市射阳县境内，地处国家沿海大开发的中心区域，与盐城市国家级珍禽丹顶鹤自然保护区、国家二类开放港口——射阳港相邻，临海高等级公路G228国道穿场而过，水陆交通便捷，已融入上海“3 h经济圈”。

临海农场属于里下河沿海垦区，地势平坦，以废黄河口基面为基点，地面高程在0.8～2.2 m之间，属于低平原区。从微地形看，由于在陆地形成过程中受河流及海潮作用的差异，形成局部小起伏。农场全年平均气温约15℃，年降雨量约600 mm，年日照时长约2 500 h。农场境内的土地为冲积平原的沙质土壤，分类为滨海盐碱土。经过人工改造后适宜棉、粮、果、菜等各类作物生长。

临海农场濒临黄海，地势较低，海拔约2.10 m。地下灌排试验在项目区的暗管试验区内进行，项目区航拍图见图6-1。项目区均采用管道灌溉。针对江苏沿海地区灌排与土壤改良面临的地下水水位高、水体含盐量高、土壤返盐重

图6-1　项目区航拍图

等实际问题，开展管道排水系统模式研究，采用“管道灌溉＋横向排水暗管排水”布局模式，开展针对不同间距和埋深土壤降渍脱盐试验研究。试验采用2因子(间距和埋深)、3水平(间距分别为50 m、100 m、150 m;埋深分别为0.6 m、0.9 m、1.1 m)的全面组合试验。

暗管排水系统的布局优化主要是根据土壤性质、作物种类、气候条件、经济效益、施工条件等因素确定暗管的布置形式和暗管的埋深、间距。通用的做法是根据降渍脱盐的指标计算暗管埋深，参照相似工程的经验或土壤水分入渗理论确定暗管间距。

二、暗管布置形式的确定

暗管系统降渍脱盐效果能否充分发挥，首先取决于暗管系统布置形式是否合理。暗管排水系统有多种布置形式，常见的有单级暗管排水系统、组合暗管排水系统和不规则暗管排水系统等。单级排水系统的每根暗管都伸入到排水明沟中，即每一根暗管都一个独立的出水口，其优点是便于检查清理排水暗管。排水系统如图 6-2 所示。

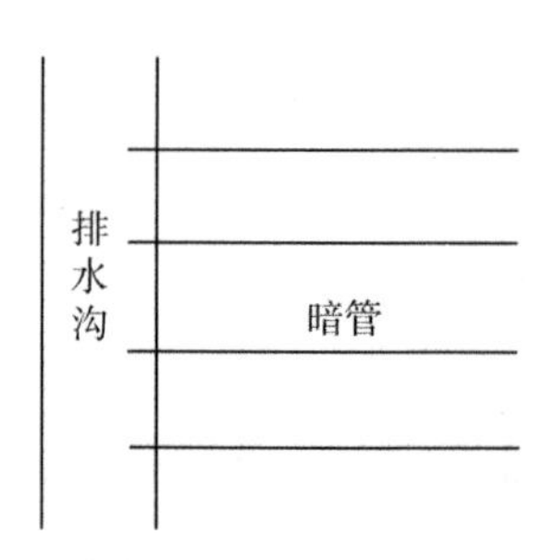

图 6-2　暗管排水系统典型式样布置图

单级系统在遭遇大暴雨或特大暴雨，暗管不能及时排除多余水分时，排水沟也可以发挥作用，将地表水直接排水，更利于排涝降渍。根据本试验区内的土壤性质和地形条件，同时考虑到后期检查维修的便利性，选用单级暗管排水系统。单级暗管排水系统模式如图 6-3 所示。

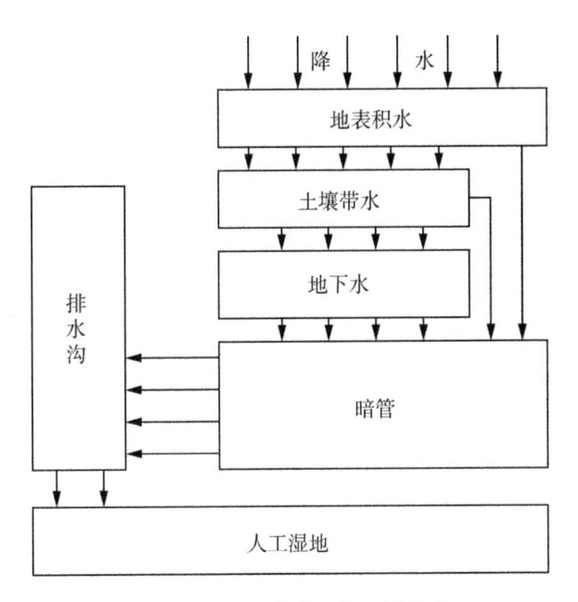

图 6-3　单级暗管排水系统模式

三、暗管埋深和间距的确定

(一) 暗管埋深的确定

暗管排水系统设计过程中，通常以作物对地下水位高度的要求或降渍脱盐的标准为依据，同时考虑土壤质地、耕作要求和施工技术等因素，计算出暗管埋设深度，然后利用试验法、经验法或理论计算方法确立暗管埋设的间距。

暗管埋设深度的计算公式如下：

$$H = h_e + \Delta h + d_0 \tag{6-4}$$

$$\Delta h = \frac{L}{2} tg\theta \tag{6-5}$$

式中：H——暗管的埋设深度，m；

h_e——作物正常生长要求的地下水位高度，可以根据降渍脱盐标准确定，m；

Δh ——相邻两暗管之间中点处地下水位高度和暗管水位高度差，通常称为滞留水头，m，取值范围为 0.2～0.3 m；

d_0——暗管中水位高度深，一般为暗管管径的一半，m；

L——暗管的间距，m；

$tg\theta$——与土质有关的参数，如表 6-3。常见作物所要求的暗管埋设深度如表 6-4 所示。

表 6-3　不同土质 $tg\theta$ 的参考数值

土质	砂土	砂壤土	黏壤土	黏土
$tg\theta$	0.005	0.01	0.02	0.03

表 6-4　常见作物所要求的暗管埋设深度参考数值

作物种类	无盐渍化威胁地区(m)	有盐渍化威胁地区(m)
浅根类旱作物	0.9～1.2	1.6～2.2
深根类旱作物	1.2～1.4	1.8～2.5
牧草	0.8～1.1	1.5～1.8
果树	1.6～2.0	2.2～26

根据试验区的实际情况，求得暗管埋深分别为 0.6 m、0.9 m 和 1.1 m。

（二）暗管间距的确定

暗管的埋深和间距是控制地下水位高度的主要因素，间距除与埋深相互影响外，还与土质、地下水位、土层中水的流态等因素有关。暗管间距的计算方法主要有田间试验法、经验数据法和理论计算法。

中国水利水电科学院和江苏省水利科学研究所通过对江苏、浙江、江西、福建和上海等四省一市部分地区的调查研究，对不同土壤的渗透系数进行了分析总结，并归纳出暗管间距的计算公式：

$$L = NHK \tag{6-6}$$

式中：L——暗管埋设的间距，m；

N——土质经验系数，砂壤土、壤土、黏土分别为 20、30、40；

H——暗管埋设的深度，m；

K——土壤的渗透系数，m/d。

对于该经验公式，$N=20$，$K=0.7\sim0.9$ m/d，计算得暗管间距为 8.4 m～21.6 m。

《农田排水工程技术规范》(SL/T 4—2020)根据各地暗管排水试验和工程实践，归纳出暗管间距与土质、埋深之间的关系，如表 6-5。

表 6-5　吸水管间距经验参考值(m)

暗管埋深	黏土、重壤土	中壤土	轻壤土、砂壤土
0.6～1.0	10～20	10～20	20～40
1.0～1.5	10～20	20～40	40～70
1.5～2.0	20～40	40～70	70～110
2.0～2.5	*	70～110	110～160

根据《农田排水工程技术规范》(SL/T 4—2020)规定，暗管间距的计算分为稳定流和非稳定流两种情况。

(1) 稳定流计算

水稻种植期，田面有水层、吸水管内充满水、稳定渗流情况下的吸水管间距按下式计算：

$$B = \frac{\kappa H}{q\Phi_0} \tag{6-7}$$

$$\Phi_0 \approx \frac{1}{\pi}\ln\sqrt{\frac{8T}{\pi d}\tan\frac{\pi H_d}{2T} - 1} \tag{6-8}$$

式中：B——吸水管间距，m；

κ——排水地段含水层平均渗透系数，m/d；

q——设计要求的渗漏强度，m/d；

H_d——吸水管埋深，m；

T——排水地段含水层的平均厚度，m；

H——吸水管的作用水头，m，为田面水位与吸水管中心高程之差；

d——吸水管外围直径，m；

Φ_0——稳定流情况下，吸水管排水地段的渗流阻抗系数。

(2) 非稳定流计算

旱作区或水旱轮作区，地下水逐渐下降，不考虑蒸发影响的非稳定流情况下的吸水管间距按下式计算：

$$B = \frac{\kappa t}{\mu \Omega \Phi \ln\frac{H_0}{H_t}} \tag{6-9}$$

当 $D \leqslant B/2$ 时，

$$\Phi=\frac{1}{\pi}\ln\frac{2D}{\pi B_0}+\frac{B}{8D} \tag{6-10}$$

当 $D>B/2$ 时，

$$\Phi=\frac{1}{\pi}\ln\frac{2B}{\pi B_0} \tag{6-11}$$

式中：H_0——地下水降落起始时刻，排水地段中部地下水位高于管内水面的作用水头，m；

H_t——地下水位降落到 t 时刻，排水地段中部地下水位高于管内水面的作用水头，m；

t——设计要求地下水位由 H_0 降到 H_t 的历时，d；

μ——地下水面变动范围内土层平均给水度；

Ω——地下水面形状校正系数，采用 $\Omega=0.8-0.9$；

Φ——非稳定流情况下，排水地段的渗流阻抗系数；

D——管内水面至水平不透水层表面的垂直距离，m。

$$B_0=2\sqrt{\Omega\bar{H}d} \tag{6-12}$$

$$\bar{H}=\frac{H_0-H_t}{\ln\frac{H_0}{H_t}} \tag{6-13}$$

根据实测资料分析，该排水区含水层平均渗漏系数为 $\kappa=0.08$ m/d；给水度 $\mu=0.05$；水稻种植期洗盐设计渗漏强度为 0.008 m/d；雨后地下水由地面以下 0.1 m 两天降至地面以下 0.4 m；考虑 $D=20$ m$>B/2$。

根据以上条件，计算不同暗管埋深条件下，稳定流、非稳定流的暗管间距见表 6-6。

表 6-6　计算的暗管埋深间距

埋深(m)	间距(m)	
	稳定流	非稳定流
0.6	12.54	5.4
0.9	16.01	9.6
1.2	19.36	13.5

由于本次试验为野外田间试验，试验田面积较大，若采用 10 m 的暗管间

距需要埋深 50 根以上暗管，该试验方案并不经济。因此，为了更好地验证不同间距和埋深的暗管排水降渍效果，综合以上研究结果，本课题进行了 3 种暗管埋深(0.6 m、0.9 m、1.1 m)和 3 种间距(50 m、100 m、150 m)的组合试验，共 9 种处理，见表 6-7。

表 6-7　不同暗管埋深和间距设计表

处理编号	1	2	3	4	5	6	7	8	9
试验设计	H0.6-L50	H0.6-L100	H0.6-L150	H0.9-L50	H0.9-L100	H0.9-L150	H1.1-L50	H1.1-L100	H1.1-L150

四、暗管布局的优化模式

暗管布局的优化计算中，利用两因素方差分析法，建立暗管间距和暗管埋深两个因素与排水率、脱盐率关系的模型，计算出排水脱盐效益，优选出间距和埋深的最佳组合，为暗管排水系统的布设提供可行的理论依据。

考察不同因素下含盐量下降的比例，设 Z_{ijk} 为脱盐率，即(初始盐度－最终盐度)/初始盐度。记因素 A 为暗管深度，因素 B 为暗管间距。则因素 A 和 B 分别有三个水平，分别为：

$A1$：0.6 m，$A2$：0.9 m，$A3$：1.1 m；

$B1$：50 m，$B2$：100 m，$B3$：150 m。

设 A 处于第 i 个水平，B 处于第 j 个水平下的理论均值为 μ_{ij}，观测值为 z_{ij1}，……，z_{ij5}。则模型为：

$$z_{ijk}=\mu_{ij}+e_{ijk} \tag{6-14}$$

其中，e_{ijk} 为实验误差，假定独立同分布，且 $e_{ijk}\sim N(0,\sigma^2)$。

分析各个因素对指标的影响，令

$$\mu=\frac{1}{9}\sum_{i,j}\mu_{ij} \tag{6-15}$$

$$\alpha_i=\frac{1}{3}\sum_{j=1}^{3}\mu_{ij}-\mu \tag{6-16}$$

$$\beta_j=\frac{1}{3}\sum_{i=1}^{3}\mu_{ij}-\mu \tag{6-17}$$

$$\lambda_{ij}=\mu_{ij}-\mu-\alpha_i-\beta_j \tag{6-18}$$

则

$$\mu_{ij}=\mu+\alpha_i+\beta_j+\lambda_{ij} \tag{6-19}$$

其中 α_i ——A 的第 i 个水平的作用；

β_j ——B 的第 j 个水平的作用；

λ_{ij} ——Ai 与 B_j 下的交互效应。

下面做假设检验，待检验的假设有：

$$H_1: \alpha_1=\alpha_2=\alpha_3=0 \tag{6-20}$$

$$H_2: \beta_1=\beta_2=\beta_3=0 \tag{6-21}$$

$$H_3: \lambda_1=\lambda_2=\lambda_3=0 \tag{6-22}$$

利用计算公式：

$$F_1=4.47>F_{0.05}(2,9)=4.26 \tag{6-23}$$

$$F_2=4.19>F_{0.05}(2,9)=4.26 \tag{6-24}$$

$$F_3=1.97>F_{0.05}(2,9)=3.63 \tag{6-25}$$

故可得到检验结果，否定假设 H_1 和 H_2，接受假设 H_3。即因素 A 和因素 B 的三个不同水平作用不同。A 和 B 的交互作用不影响。

因素 A 和因素 B 在不同水平下脱盐率的估计值如表 6-8。

表 6-8　因素 A 和因素 B 在不同水平下脱盐率的估计值

μ_1	μ_2	μ_3	μ_4	μ_5	μ_6	μ_7	μ_8	μ_9
0.278	0.307	0.248	0.714	0.582	0.411	0.426	0.402	0.327

从表中数值可以看出，处理 4(0.9×50 m)的脱盐效果是最好的，处理 5(0.9×100 m)次之，处理 2(0.6×100 m)和处理 3(0.6×150 m)的脱盐效率最差。

然后将排水率 D_p 考虑进来，排水率定义为(排水量/降水量)。则得到排水洗盐效率的计算公式：

$$R=\alpha Z_p+\beta D_p \tag{6-26}$$

其中 α、β 分别为脱盐率和排水率的权重，分别给定 0.5。

计算结果如表 6-9 所示。

表 6-9　因素 *A* 和因素 *B* 在不同水平下排水脱盐效率值

处理	1	2	3	4	5	6	7	8	9
R 值	0.27	0.24	0.19	0.51	0.39	0.28	0.38	0.32	0.25

所以，处理 4(0.9×50 m)的排水脱盐效率是最高的，处理 5(0.9×100 m)和处理 7(1.1×50 m)的排水脱盐效率分列二、三位，处理 2(0.6×100 m)和处理 3(0.60×150 m)的排水脱盐效率最低，以上结果与实测值相吻合。

第三节　管道排水系统降渍脱盐效果分析

一、水量平衡分析

本试验主要通过灌水或降雨排水降盐，在控制地下水位的同时降低土壤盐分，所以试验区格田的水量平衡分析对于暗管排水降盐效果的研究意义重大。

水均衡法也称水量平衡法或水量均衡法，是全面研究某一地区(或均衡区)在一定时间段内地下水的补给量、储存量和消耗量之间的数量转化关系的平衡计算，水均衡法的理论基础是质量守恒原理。在一定时段内某区域内的水量平衡方程：

$$I - O = \Delta S \tag{6-27}$$

式中：I、O——分别为区域输入、输出总水量，m^3；

ΔS——区域内蓄水量的变化量，m^3。

本试验主要以灌水和降雨的维度研究暗管排水降盐效果。灌水试验以 2019 年 7 月底 8 月初的一次灌水为例，灌水距前一次降雨已有 20 多天，田间土壤含水量很低；降雨以 8 月 11 号到 8 月 12 号的一次降雨(89.5 mm)为例，降雨之前已有 10 天左右没有下雨，田间土壤含水量也很低。试验中选择每个试验小区中心排水暗管对应的试验田测量。

基于以上情况，建立本试验区格田水量平衡方程

$$I + P - D - E = \Delta S \tag{6-28}$$

式中：I——格田的灌水量，m^3；

P——格田的降雨量，m^3；

D——暗管的排水量，m^3；

E——格田表面的水量蒸发和格田表面植物消耗的水量，m^3；

ΔS——指格田蓄水量的变化量(包含格田靠排水沟一面的侧向渗漏)，m^3。

一个灌排水周期不同处理的 I、P、D、E、ΔS 的数值见表 6-10。其中灌水均为 100 mm，表 6-10 中的 I 为换算以后的总水量值。

一个降雨排水周期不同处理的 I、P、D、E、ΔS 的数值见表 6-11。其中灌水均为 0 mm，降雨以 2019 年 8 月 11 号到 8 月 12 号的一次降雨(89.5 mm)为例，表 6-11 中的 P 为换算以后的总水量值。

表 6-10　灌排水周期各处理灌水量、降雨量、排水量、蒸发量及格田蓄水变化量

处理	$I(m^3)$	$P(m^3)$	$D(m^3)$	$E(m^3)$	$\Delta S(m^3)$
1	750	0	190.80	225.10	334.10
2	750	0	126.21	270.14	353.65
3	750	0	92.05	31.80	343.15
4	750	0	220.05	270.08	259.87
5	750	0	146.64	315.18	288.18
6	750	0	106.64	359.88	283.48
7	750	0	249.42	270.27	230.31
8	750	0	174.02	315.17	260.81
9	750	0	129.34	360.00	260.58

表 6-11　降雨排水周期各处理灌水量、降雨量、排水量、蒸发量及格田蓄水变化量

处理	$I(m^3)$	$P(m^3)$	$D(m^3)$	$E(m^3)$	$\Delta S(m^3)$
1	0	498	133.64	118.12	246.24
2	0	498	88.36	141.75	267.89
3	0	498	64.40	165.37	268.23

续表

处理	$I(m^3)$	$P(m^3)$	$D(m^3)$	$E(m^3)$	$\Delta S(m^3)$
4	0	498	154.02	141.76	202.21
5	0	498	102.64	165.38	229.98
6	0	498	74.66	189.00	234.34
7	0	498	174.59	141.76	181.65
8	0	498	121.82	165.38	210.80
9	0	498	90.54	189.00	218.46

从表 6-10 和表 6-11 中可以看出，由于暗管间距和埋深的不同，每个试验田的蓄水量变化也不同，整体而言，对于灌水试验，约占 30.74%～47.17%的水量转变成土壤水，12.27%～33.26%的水量通过暗管排出，30.0%～48.0%的水量通过蒸发作用进入大气；对于降雨试验，约占 36.48%～53.86%的水量转变成土壤水，12.93%～35.06%的水量通过暗管排出，23.72%～37.95%的水量通过蒸发作用进入大气。

二、排水效果分析

暗管排走了表层地下水，使灌水或降雨后抬高的地下水位迅速降低。通过对表 6-10 和表 6-11 的数据计算可知，对于一个灌排水周期和一个降雨排水周期每个试验田暗管排水的水量占灌水水量或降雨量的百分比见表 6-12 和表 6-13。

从表 6-12 和表 6-13 可以看出，埋深相同时，暗管间距越小，排水量占灌(降)水量的比例越大。对于灌水试验，处理 1、处理 4、处理 7 分别达到 25.45%、29.34%和 33.26%，对于降雨试验，处理 1、处理 4、处理 7 分别达到 26.83%、30.93%和 35.06%。在间距相同时，暗管埋深越大，排水量占灌(降)水量的比例也越大。

表 6-12　不同间距和埋深暗管排水水量占灌水水量的比例

	处理 1	处理 2	处理 3	处理 4	处理 5	处理 6	处理 7	处理 8	处理 9
灌水量(m^3)	315	420	525	315	420	525	315	420	525
排水量(m^3)	80.18	70.68	64.4	92.42	82.12	74.65	104.76	97.45	90.54
百分比	25.45%	16.83%	12.27%	29.34%	19.55%	14.22%	33.26%	23.20%	17.25%

表 6-13　不同间距和埋深暗管排水水量占降雨量的比例

	处理 1	处理 2	处理 3	处理 4	处理 5	处理 6	处理 7	处理 8	处理 9
降雨量(m^3)	209.16	278.88	348.60	209.16	278.88	348.60	209.16	278.88	348.60
排水量(m^3)	56.13	49.48	45.08	64.69	57.48	52.26	73.33	68.22	63.38
百分比	26.83%	17.74%	12.93%	30.93%	20.61%	14.99%	35.06%	24.46%	18.18%

试验进行一年后，暗管试验区排水量如表 6-14 所示。当埋深相同时，暗管间距越小，暗管排水量越大；当暗管间距相同时，暗管埋深越深，暗管排水量越大。然而埋深 1.1 m 的暗管高程低于沟底高程，暗管出口易淤积，导致暗管出水不畅。因此在实际运行中埋深 1.1 m 的暗管运行效果较差，埋深 0.9 m 暗管排水效果较好，埋深 0.6 m 次之。

表 6-14　一年后不同间距和埋深暗管排水水量占降雨量的比例

	处理 1	处理 2	处理 3	处理 4	处理 5	处理 6	处理 7	处理 8	处理 9
排水量(m^3)	3 591.44	2 363.91	2 003.12	3 877.38	2 888.47	2 413.15	—	—	—

暗管间距和埋深的不同地下水位的下降深度和速度也不同，表 6-15 和表 6-16 分别是灌水排水周期和降雨排水周期不同间距和埋深暗管排水地下水位的下降值和地下水位的下降速度。

从表 6-15 和表 6-16 可以看出，埋深相同时，暗管间距越小，地下水位的下降速度越快，相反间距越大，地下水位下降的速度越慢。间距相同时，暗管埋深越大，地下水位的下降速度也越快。在排水前期，大约为灌水或降雨后 2 到 3 天，地下水位下降较为缓慢，每天约为几厘米，而在排水后期地下水降落速度很快，每天可达 20～30 cm。原因是，在排水前期，地表水比较多，排水主要是排的地表水，地表水源源不断地补充地下潜水，所以地下水位下降速度缓慢，而在排水后期，地表水已排干，地下水没有补充源，所以在排水后期地下水位下降速度比较快。

表 6-15　灌排水周期不同间距和埋深暗管排水地下水位变化

处理	不同水位测量次数时暗管以上地下水位的高度(m)								地下水位的下降值(m)	地下水位的下降速度(m/d)
	1	2	3	4	5	6	7	8		
1	0.55	0.50	0.43	0.25	0.05	—	—	—	0.50	0.100
2	0.56	0.52	0.48	0.38	0.21	0.03	—	—	0.53	0.088

续表

处理	不同水位测量次数时暗管以上地下水位的高度(m)								地下水位的下降值(m)	地下水位的下降速度(m/d)
	1	2	3	4	5	6	7	8		
3	0.54	0.51	0.47	0.40	0.30	0.20	0.02	—	0.52	0.074
4	0.86	0.81	0.71	0.50	0.26	0.02	—	—	0.84	0.140
5	0.87	0.82	0.75	0.63	0.45	0.25	0.04	—	0.83	0.119
6	0.86	0.82	0.74	0.65	0.54	0.42	0.24	0.05	0.81	0.101
7	1.05	0.94	0.80	0.60	0.35	0.05	—	—	1.00	0.167
8	1.08	1.01	0.91	0.78	0.59	0.34	0.04	—	1.04	0.149
9	1.10	1.04	0.96	0.85	0.72	0.55	0.35	0.07	1.03	0.129

注:第一次水位的测量是在灌水后的第二天早上8时,以后每24 h测量一次。

表6-16　降雨排水周期不同间距和埋深暗管排水地下水位变化

处理	不同水位测量次数时暗管以上地下水位的高度(m)							地下水位的下降值(m)	地下水位的下降速度(m/d)
	1	2	3	4	5	6	7		
1	0.5	0.45	0.38	0.25	0.05	—	—	0.45	0.09
2	0.51	0.46	0.4	0.24	0.07	—	—	0.44	0.09
3	0.49	0.44	0.32	0.21	0.09	0.01	—	0.48	0.08
4	0.76	0.71	0.61	0.4	0.16	0.02	—	0.74	0.12
5	0.77	0.72	0.65	0.53	0.35	0.05	—	0.72	0.12
6	0.76	0.72	0.64	0.52	0.39	0.22	0.04	0.72	0.10
7	0.95	0.84	0.7	0.5	0.25	0.05	—	0.9	0.15
8	0.98	0.91	0.81	0.68	0.49	0.24	0.04	0.94	0.13
9	0.96	0.84	0.76	0.55	0.32	0.15	0.05	0.91	0.13

注:第一次水位的测量是在降雨结束后的当天晚上6时,以后每24 h测量一次。

三、排水含盐量分析

暗管排水流量和含盐量的变化决定地下灌排技术降渍降盐效果的好坏,排水含盐量高,流量大,说明随排水带走的盐分多,降渍降盐效果好;排水含盐量低，流量小，说明随排水带走的盐分少，降渍降盐效果差。暗管排水的流量变化以及排水量在上述内容中已叙述，以下主要讨论暗管排水含盐量的变化情况。

（一）灌水试验暗管排水含盐量的变化

灌排水周期不同间距和埋深暗管排水盐度和电导率随时间变化关系见图6-4至图6-6。

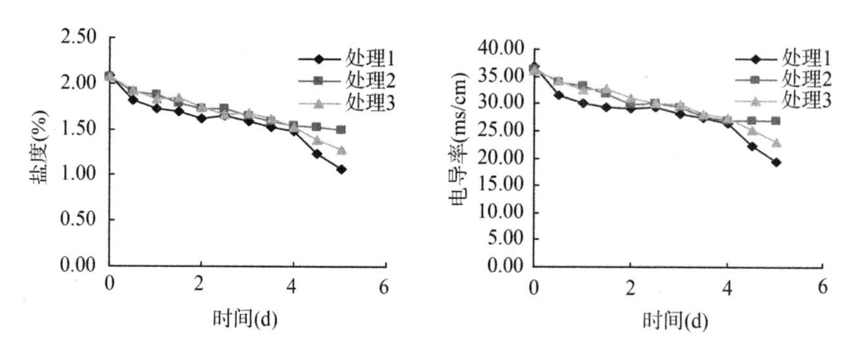

图 6-4　灌排水周期埋深 0.6 m 不同间距暗管排水的盐度、电导率随时间变化

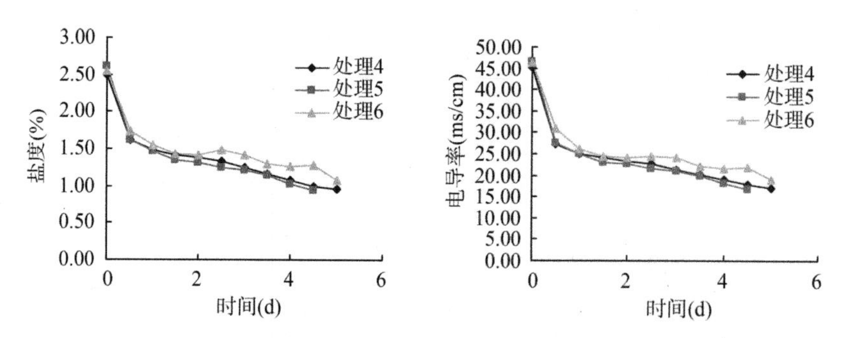

图 6-5　灌排水周期埋深 0.9 m 不同间距暗管排水的盐度、电导率随时间变化

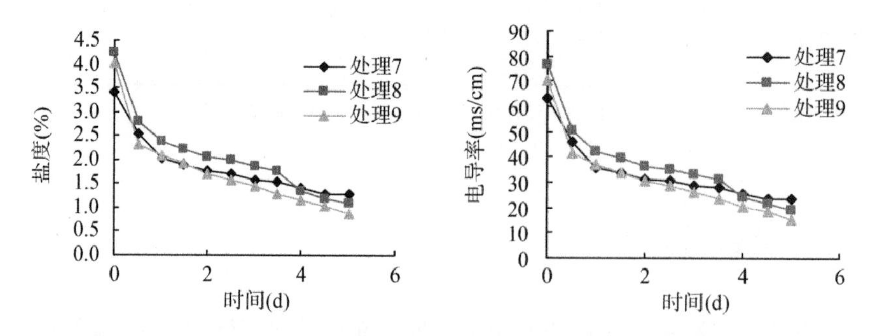

图 6-6　灌排水周期埋深 1.2 m 不同间距暗管排水的盐度、电导率随时间变化

暗管刚出水时，排水的盐度、电导率是最高的，随着排水时间的推移，排水的盐度、电导率逐渐降低，其下降速度，从开始出水，到超过半天以后的时段内下降速率最高，之后下降速率都较为缓慢。暗管埋深对暗管初始排水的盐度、电导率的影响也有差异，暗管埋深越大，初始排水的盐度、电导率也越大。主要是因为，埋深越大，灌水入渗的深度就越大，这样溶于水中的盐分就比较高，所以排水中盐分就比较多，即排水的盐度、电导率就大。

（二）降雨试验暗管排水含盐量的变化

降雨排水周期不同间距和埋深暗管排水盐度和电导率随时间变化关系见图 6-7 至图 6-9。降雨排水时暗管排水盐度、电导率随时间变化趋势和灌排水周期暗管排水盐度、电导率随时间变化趋势相似，表现为刚出水时含盐量最大，随后含盐量逐渐下降；暗管埋藏深度越大，初始排出水的含盐量越高，且 1～2 d 排出水的含盐量下降的速度也快。

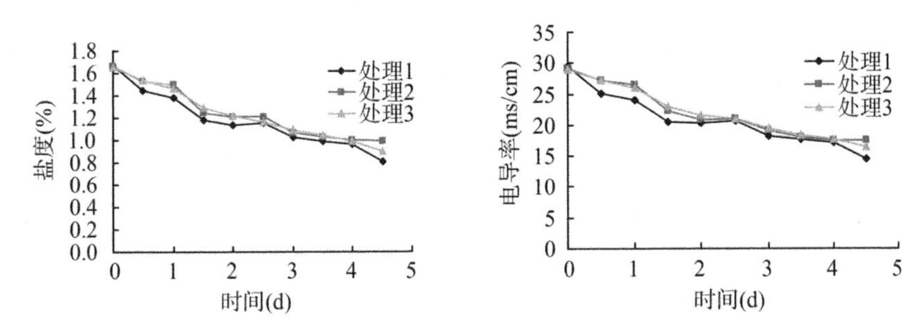

图 6-7　降雨排水周期埋深 0.6 m 不同间距暗管排水的盐度、电导率随时间变化

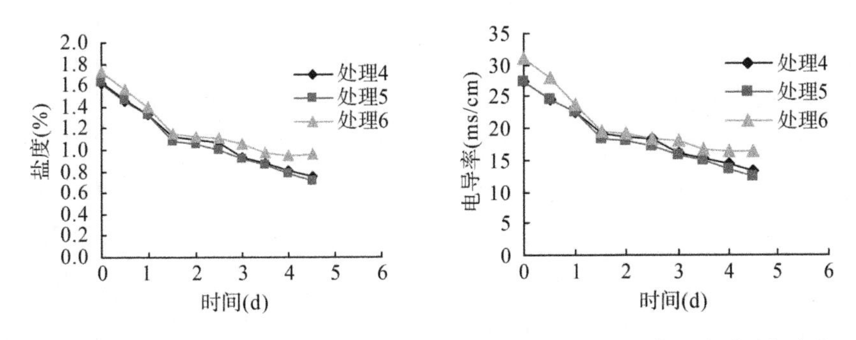

图 6-8　降雨排水周期埋深 0.9 m 不同间距暗管排水的盐度、电导率随时间变化

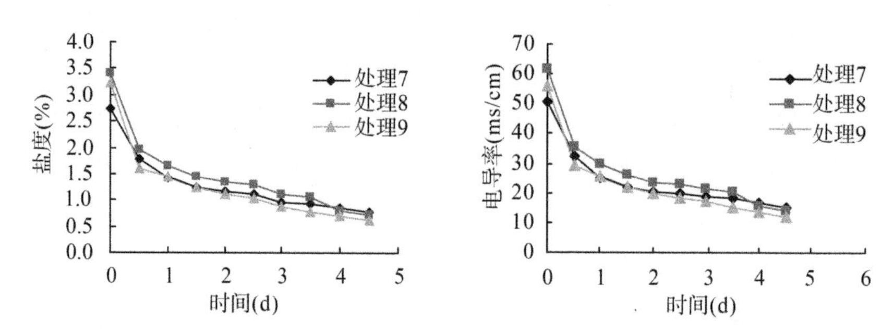

图 6-9　降雨排水周期埋深 1.1 m 不同间距暗管排水的盐度、电导率随时间变化

四、土壤性质分析

土壤盐分是盐碱土的一个重要属性，是限制作物生长的障碍因素。土壤盐分的分析，是研究盐碱土盐分动态变化的重要方法之一。土壤不同深度含盐量也不同，为了更加清楚暗管排水前后土壤盐分的变化，现将土壤分层，共分13层：0～10 cm、10～20 cm、20～30 cm、30～40 cm、40～50 cm、50～60 cm、60～70 cm、70～80 cm、80～90 cm、90～100 cm、100～120 cm、120～140 cm、140～160 cm，分别测定不同土壤深度土壤水溶性盐。土壤盐分的测定是按土水比 1∶5 浸提；全盐量的测定采用电导率法，主要测定浸提液的电导率。

暗管排水实施前后各处理不同土层土壤电导率变化见表 6-17 至表 6-19。项目实施前项目区不同处理土壤盐分差别不大，但不同深度盐分分布不同，但在项目实施后之后，土壤剖面脱盐效果是明显的。埋深 0.6 m 土壤电导率平均下降幅度分别为 27.27%、20.05%、15.95%；埋深 0.9 m 土壤电导率平均下降幅度分别为 31.84%、29.57%、20.58%；埋深 1.1 m 土壤电导率平均下降幅度分别为 28.55%、21.99%、14.02%。当暗管埋深相同时，间距越小，土壤脱盐效果最好；暗管间距相同时，埋深 0.9 m 的处理土层脱盐效果最好，而埋深 0.6 m 的处理脱盐效果较差。主要原因是暗管埋深比较浅，暗管以下土体盐分不但无法随水流排出，而且由于上层盐分的下移反而会增加，导致土壤脱盐效果比较差。从总体上来说，采用不同处理的暗管排水均有显著的脱盐效果。1.6 m 土层平均脱盐率最低的是暗管埋深 0.6 m 的各处理，暗管埋深 0.9 m 的脱盐效果最好，在埋深 0.9 m 的三个处理中，又以暗管间距 50 m 的土壤脱盐效果最好，可到 20%左右。

表 6-17　埋深 0.6 m 实施前后不同土层土壤电导率的变化情况

深度(cm)	间距(m)	50		100		150	
	实施前电导率(μS/cm)	实施后电导率(μS/cm)	电导率降幅	实施后电导率(μS/cm)	电导率降幅	实施后电导率(μS/cm)	电导率降幅
0～10	958	622	35.07%	749	21.82%	822	14.20%
10～20	778	613	21.21%	666	14.40%	722	7.20%
20～30	737	405	45.05%	492	33.24%	586	20.49%
30～40	595	441	25.88%	473	20.50%	480	19.33%
40～50	720	389	45.97%	477	33.75%	632	26.11%
50～60	801	626	21.85%	608	24.09%	662	17.35%
60～70	787	386	50.95%	553	29.73%	462	41.30%
70～80	727	447	38.51%	598	17.74%	597	17.88%
80～90	508	420	17.32%	478	5.91%	438	13.78%
90～100	512	411	19.73%	452	11.72%	467	8.79%
100～120	531	508	4.33%	422	8.78%	504	5.08%
120～140	547	511	6.58%	499	27.06%	513	6.22%
140～160	498	388	22.09%	406	18.47%	450	9.64%

表 6-18　埋深 0.9 m 实施前后不同土层土壤电导率的变化情况

深度(cm)	间距(m)	50		100		150	
	实施前电导率(μS/cm)	实施后电导率(μS/cm)	电导率降幅	实施后电导率(μS/cm)	电导率降幅	实施后电导率(μS/cm)	电导率降幅
0～10	958	749	22.82%	802	16.28%	914	4.59%
10～20	778	714	8.23%	667	14.27%	758	2.57%
20～30	737	408	44.64%	390	47.08%	395	46.40%
30～40	595	475	20.17%	491	17.48%	510	14.29%
40～50	720	310	56.94%	364	49.44%	346	51.94%
50～60	801	464	42.07%	398	50.31%	519	35.21%
60～70	787	408	48.16%	454	42.31%	462	41.30%
70～80	727	536	26.27%	374	48.56%	458	37.00%
80～90	508	481	5.31%	420	17.32%	490	3.54%
90～100	512	428	16.41%	374	26.95%	457	10.74%
100～120	531	334	37.10%	376	29.19%	508	4.33%
120～140	547	346	36.75%	429	21.57%	503	8.04%

续表

深度(cm)	间距(m)	50		100		150	
	实施前电导率(μS/cm)	实施后电导率(μS/cm)	电导率降幅	实施后电导率(μS/cm)	电导率降幅	实施后电导率(μS/cm)	电导率降幅
140～160	498	249	50.00%	480	3.61%	460	7.63%

表 6-19　埋深 1.1 m 实施前后不同土层土壤电导率的变化情况

深度(cm)	间距(m)	50		100		150	
	实施前电导率(μS/cm)	实施后电导率(μS/cm)	电导率降幅	实施后电导率(μS/cm)	电导率降幅	实施后电导率(μS/cm)	电导率降幅
0～10	958	613	36.01%	904	5.64%	918	4.18%
10～20	778	710	8.74%	778	12.85%	689	11.44%
20～30	737	445	39.62%	704	4.48%	602	18.32%
30～40	595	523	12.10%	537	9.75%	505	15.13%
40～50	720	337	53.13%	483	32.92%	506	29.72%
50～60	801	498	37.83%	518	35.33%	530	33.83%
60～70	787	350	55.53%	407	48.28%	563	28.46%
70～80	727	384	47.18%	458	37.00%	626	13.89%
80～90	508	424	16.53%	411	19.09%	438	13.78%
90～100	512	467	8.79%	437	14.65%	503	1.76%
100～120	531	403	24.11%	406	23.54%	520	2.07%
120～140	547	435	20.48%	355	35.10%	506	7.50%
140～160	498	443	11.04%	462	7.23%	487	2.21%

根据试验结果可发现，采用暗管排水时，如埋深相同，暗管间距越小，排水量占灌(降)水量的比例越大。在间距相同时，暗管埋深越大，排水量占灌(降)水量的比例也越大。当暗管埋设高程低于沟底高程时，暗管出口易淤积，不利于暗管排水。灌排水周期内，暗管埋深越大，初始排水的盐度、电导率也越大，排水中盐分就比较多，即排水的盐度、电导率就大。降雨排水时，暗管排水盐度、电导率随时间变化趋势和灌排水周期暗管排水盐度、电导率随时间变化趋势相似。当暗管埋深相同时，间距越小，土壤脱盐效果最好；暗管间距相同时，埋深为 0.9 m 土层脱盐效果最好，而埋深为 0.6 m 脱盐效果较差。在埋深 0.9 m 的三个处理中，又以暗管间距 50 m 的土壤脱盐效果最好，可达到 30% 左右。

参考文献

[1] 高雪梅.中国农业节水灌溉现状、发展趋势及存在问题[J].天津农业科学,2012,18(1):54-56.

[2] 王旭.小型农田水利设施运行管护机制改革创新探讨[J].中国工程咨询,2016,(10):43-44.

[3] 王修贵,张绍强,刘丽艳,等.现代灌区的特征与建设重点[J].中国农村水利水电,2016,(8):6-9+12.

[4] 陈海生,王光华,宋仿根,等.生态沟渠对农业面源污染物的截留效应研究[J].江西农业学报,2010,22(7):121-124.

[5] 涂佳敏.生态沟渠处理农田氮磷污水的实验与模拟研究[D].天津:天津大学,2014.

[6] 刘福兴,陈桂发,付子轼,等.不同构造生态沟渠的农田面源污染物处理能力及实际应用效果[J].生态与农村环境学报,2019,35(6):787-794.

[7] 王长柱.DM旗节水灌溉项目方案选择研究[D].大连:大连理工大学,2016.

[8] 潘广源.城市给排水管网优化和管理系统的开发[D].北京:北京工业大学,2012.

[9] 黄彦,司振江,李芳花,等.大型灌区节水改造技术集成研究与示范[J].水利科学与寒区工程,2018,1(6):8-14.

[10] 王二英,李娟.低压管道输水灌溉工程田间管网设计优化探讨[J].价值工程,2015,34(14):211-213.

[11] 王婧.汾河灌区节水灌溉发展方向与技术模式[J].山西水利科技,2018(2):45-46+71.

[12] 闫静.汾河灌区末级渠系改造的思考[J].山西水利科技,2018(3):81-83.

[13] 李其光,马海燕,王昕,等.管道输水灌溉适宜工程规模初探[J].节水灌

溉,2012(10):63-64+68.
[14] 唐亮. 管道输水灌溉优化设计模型及仿真研究[D]. 南京:河海大学,2006.
[15] 余长洪,周明耀,姜健俊,等. 灌区节水改造中防渗渠道断面的优化设计[J]. 农业工程学报,2004(1):91-94.
[16] 宋江涛. 规模化管道输水灌溉管网系统优化设计方法研究[D]. 咸阳:西北农林科技大学,2016.
[17] 王昕,马海燕,张禾,等. 规模化管道输水灌溉管网优化模型研究与应用[J]. 节水灌溉,2015(10):87-89.
[18] 张双. 韩墩引黄灌区管道输水灌溉技术与适宜控制规模[D]. 济南:山东大学,2017.
[19] 曹三海. 黄河下游引黄灌区管道输水灌溉工程规模优化方法研究[D]. 泰安:山东农业大学,2013.
[20] 刘波. 基于枚举法和遗传算法的农田灌溉管道系统优化设计研究[D]. 泰安:山东农业大学,2017.
[21] 谷小平. 基于生态城市建设的给排水管网及污水再生利用系统优化研究[D]. 西安:西安建筑科技大学,2014.
[22] 周跃,徐磊,刘杨. 济阳县邢家渡灌区末级渠系改造建设情况与效益分析[J]. 山东水利,2009(10):35-36+42.
[23] 陈文猛,钱钧,陈凤,等. 江苏省低压管道灌溉技术发展关键问题探讨[J]. 中国水利,2018(5):45-46.
[24] 彭龙博. 泾惠渠灌区高陵县药惠段末级渠系改造及效益分析[J]. 地下水,2017,39(4):122-123.
[25] 孟新会. 末级渠道的管道化是提高水利用系数的有效途径[J]. 杨凌职业技术学院学报,2006(3):48+79.
[26] 姜健俊,周明耀,余长洪. 南方平原灌区渠道防渗工程规划方案决策分析[J]. 中国农村水利水电,2004(2):14-16.
[27] 齐学斌,张志刚,杨保安. 农田输配水管网设计研究现状及发展趋势[J]. 西北水资源与水工程,1996(2):96-99.
[28] 汤树海,刘辉,王飞,等. 平原区低压管道灌溉推广应用的问题及对策研究[J]. 江苏水利,2017(4):21-24.
[29] 李浩,周华,谭爱荣. 渠道防渗抗冻衬砌的经济效益计算与分析[J]. 水利

与建筑工程学报,1991(2):1-10.

[30] 周明耀,冯小忠,余长洪. 树状低压输水灌溉管网线性规划优化模型及其求解[J]. 水利与建筑工程学报,2005(1):1-4+36.

[31] 李海滨. 树状灌溉管网布置与管径同步优化模型和算法研究[D]. 咸阳:西北农林科技大学,2009.

[32] 王冲. 水利工程渠道维护与管理措施分析[J]. 珠江水运,2018(10):90-91.

[33] 王苏,沈挺,郭存芝. 苏南地区农业水价形成机制研究[J]. 江苏水利,2018(7):12-16.

[34] 师志刚. 西南山丘区渠管结合方式研究[D]. 北京:中国水利水电科学研究院,2018.

[35] 许雅欣,王堂海,王修贵,等. 襄阳市管道灌溉现状及发展对策研究[J]. 中国农村水利水电,2018(7):44-46+51.

[36] 葛琳,高玮,许明丽,等. 农业高效节水灌溉工程的技术选择[J]. 河南农业,2017(14):47-48.

[37] 彭影. 影响泵站工程投资的主要因素探析[J]. 广东水利水电,2015(8):84-86.

[38] 师志刚,刘群昌,白美健,等. 压力管道输水灌溉优化设计研究进展[J]. 水利与建筑工程学报,2017,15(1): 1-7+38.

[39] 王亚仁,秦亚斌,高尚,等. 平原农村给水厂供水管网的优化设计[J]. 给水排水,2016,52(S1): 262-265.

[40] 杨磊,陶泓. 供水系统中经济流速与管径优化节能工程试验研究[J]. 给水排水,2009,45(S2): 334-336.

[41] 王莹. 农村饮水安全工程管材合理选择与经济管径研究[D]. 银川:宁夏大学,2014.

[42] 伊学农,王恩顺,张硕,等. 全日制村镇供水管网经济流速的计算[J]. 给水排水,2011,47(S1): 409-411.

[43] 姜海波. 供水系统的费用函数、理想管径与经济流速[J]. 哈尔滨工业大学学报,2004,(1): 84-86+90.

[44] 金晓云,俞国平. 关于给水管道技术经济计算模型中参数的讨论[J]. 城市公用事业,2004,(4): 21-22.

[45] 韩胜. 给水管网经济流速影响因素与计算方法研究[D]. 合肥:合肥工业

大学,2015.
[46] 周振天,徐得潜,马常仁. 界限流量与经济因素确定管径的比较[J]. 供水技术,2013,7(4):1-3.
[47] 郭超. 管道系统运行成本与投资的盈亏分析[J]. 现代盐化工,2014,(4):11-12+24.
[48] 常金梅,朱满林,李小周,等. 长距离泵输水工程管道直径选择探讨[J]. 水资源与水工程学报,2017,28(2):152-155.
[49] 武钰坤,孙艳艳,曹刚. 垦西油田注水管道经济流速的计算[J]. 油气田地面工程,2016,35(9):89-91.
[50] 张德同. 农村供水管网经济流速的取值研究[D]. 济南:山东建筑大学,2018.
[51] 王艳松,孙桂龙,曹明志. 基于动态规划法的配电网联络线优化规划研究[J]. 电力系统保护与控制,2016,44(10):30-36.
[52] 胜志毫. 管道灌溉系统优化设计研究[D]. 郑州:华北水利水电大学,2018.
[53] 王蒙,冯兆云,刘建华,等. 江苏地区农田低压管道输水灌溉工程技术模式研究[J]. 灌溉排水学报,2014,33(3):59-63.
[54] GB/T 20203—2017,管道输水灌溉工程技术规范[S].
[55] 祝雪梅. 青州市小型农田水利设施投资问题研究[D]. 青岛:中国海洋大学,2012.
[56] 张超,吕雅慧,郧文聚,等. 土地整治遥感监测研究进展分析[J]. 农业机械学报,2019,50(1):1-22.
[57] 肖雪,王修贵,谭丹,等. 渠道衬砌对灌溉水利用系数的影响[J]. 灌溉排水学报,2018,37(9):51-61.
[58] 吴宁. U 型断面渠道水力计算的方法步骤[J]. 科技信息,2010,(17):506.
[59] 马孝义,范兴业,赵文举,等. 基于整数编码遗传算法的树状灌溉管网优化设计方法[J]. 水利学报,2008,39(3):373-379.
[60] 蒋晓红,程吉林,金菊良,等. 基于遗传算法的渠道横断面设计[J]. 灌溉排水学报,2006(4):88-89.
[61] Reca J, Martínez J. Genetic algorithms for the design of looped irrigation water distribution networks[J]. Water Resources Research, 2006, 42(5):110-119.

[62] 吴玉柏,陈凤,张华.江苏省防渗渠道建设社会经济效益分析[J].水利经济,2007,25(2):17-20+81-82.

[63] 何剑荣,李念斌.节水节地:全程低压管道灌溉[J].城乡建设,2017(8):76-77.

[64] 王静,于洋,孙磊.省区尺度的灌溉效益分摊系数计算与分析[J].东北水利水电,2017,35(9):56-59+72.

[65] 郭元裕.农田水利学(第三版)[M].北京:中国水利水电出版社,1997.

[66] 边霞,米良.遗传算法理论及其应用研究进展[J].计算机应用研究,2010,27(7):2425-2429+2434.

[67] 温季,宰松梅,郭树龙,等.利用 DRAINMOD 模型模拟不同排水管间距下的作物产量[J].农业工程学报,2008,24(8):20-24.

[68] Ritzema H, Nijland H, Croon F. Subsurface drainage practices: from manual installation to large-scale implementation[J]. Agricultural Water Management, 2006, 86(1/2): 60-71.

[69] 孙建书,余美.不同灌排模式下土壤盐分动态模拟与评价[J].干旱地区农业研究. 2011,29(4): 157-163.

[70] 廉晓娟,王正祥,刘太祥,等.滨海盐土综合改良措施及效果分析[J].天津农业科学. 2010,16(2): 5-7.

[71] 张展羽,张月珍,张洁,等.基于 DRAINMOD-S 模型的滨海盐碱地农田暗管排水模拟[J].水科学进展. 2012,23(6): 782-788.

[72] 姚荣江,杨劲松,陈小兵,等.苏北海涂围垦区耕层土壤养分分级及其模糊综合评价[J].中国土壤与肥料,2009(4):16-20.

[73] 李凯,窦森,张庆联,等.暗管排水技术及其在苏打盐碱土改良上的应用[J].吉林农业科学,2012,37(1):41-43.